Regelungstechnik – Crashkurs

Leonhard Stiny

Regelungstechnik – Crashkurs

115 Abbildungen, 15 Tabellen und 51 Beispiele

- Begriffe und Benennungen
- Symbole und grafische Darstellungen
- Regelungsverfahren und -strukturen
- Regelstrecken: Einteilung, Kennlinien, Arten und Kennzeichen
- Regler: Arten, Eigenschaften und Wirkungsweisen
- Einstellung der Regelparameter, Optimierung

1. Auflage 2013

Dr.-Ing. Paul Christiani GmbH & Co. KG

Autor: Leonhard Stiny

Bestell-Nr. 94036

ISBN 978-3-86522-755-3

1. Auflage 2013

Inhaltsverzeichnis

Vorwort

Dieses Lehrbuch richtet sich an alle, die in Ausbildung oder Beruf sowohl theoretisches als auch praxisbezogenes Wissen über die Grundlagen der Regelungstechnik benötigen. Das Werk vermittelt Kenntnisse über Fachbegriffe, Symbole und Darstellungsarten, Verfahren und Strukturen von Regelungen, Eigenschaften und Arten von Regelstrecken und Reglern und die Einstellung der Regelparameter.

Auszubildende in Lehrberufen finden einen Einstieg in das Fachgebiet. Teilnehmer von Meisterlehrgängen erhalten das notwendige Rüstzeug für die Prüfung. Studierenden an Akademien, Techniker- und Fachhochschulen sowie Universitäten, die zum ersten Mal mit der Regelungstechnik in Berührung kommen, sind die speziellen Begriffe und Denkweisen häufig fremd. Dieser Personenkreis findet hier ein Basiswissen, welches den Einstieg in ein weiteres Studium erleichtert. Berufstätige können ihr Wissen wiederholen oder vertiefen und erhalten Anregungen für praktische Anwendungen. Das Buch kann unterrichtsbegleitend und zum Selbststudium verwendet werden.

Alle Ausführungen erfolgen in leicht verständlicher Weise und in kompakter Form. Es werden keine Kenntnisse in höherer Mathematik vorausgesetzt. Selbst wer mit mathematischen Formeln, mit denen manche Funktionsweisen zusätzlich zu den Erläuterungen untermauert sind, nicht vertraut ist, wird durch die ausführlichen Beschreibungen verstehen, auf welche Art bestimmte Teile eines Regelkreises ausgelegt werden müssen, um ein festgelegtes Ziel zu erreichen.

Die Regelungstechnik als wichtiges Teilgebiet der Automatisierungstechnik greift in die unterschiedlichsten technischen Prozesse ein. Allen Regelungsaufgaben gemeinsam ist aber der geschlossene Wirkungsablauf, der als Regelkreis bezeichnet wird. Alle Anwendungsfälle beinhalten grundsätzliche Probleme des Regelkreises. Dieser wird hier in seinen Teilen und als Ganzes betrachtet, um eine einfache Vorgehensweise zu ermöglichen. Der Einsatz regelungstechnischer Methoden wird dadurch weitgehend unabhängig vom jeweiligen Anwendungsfall. Die Definition von Regelungsstruktur und Reglertyp und damit der Art des Eingriffes in den Prozess kann anhand bestimmter, einfacher Kriterien festgelegt werden. Dadurch ist eine einheitliche Vorgehensweise möglich, denn die Grundgesetze der Regelungstechnik gelten für alle Regelkreise, egal wie unterschiedlich sie realisiert sind.

In den meisten Fällen kann man ohne komplizierte Berechnungen auskommen, wenn man genügend Vorstellungsvermögen im Hinblick auf Regelvorgänge besitzt. Erforderlich ist es aber, die in der Regelungstechnik üblichen Begriffe und Bezeichnungen, die Arten unterschiedlicher Regelstrecken mit ihren charakteristischen Eigenschaften und die Wirkungsweise und Einstellmöglichkeiten gebräuchlicher Reglertypen zu kennen. Durch Vermittlung dieses Grundwissens soll das vorliegende Buch bei der Auswahl und Einstellung des geeigneten Reglers für unterschiedliche Anwendungsfälle helfen.

Haag a. d. Amper, im Januar 2013

Leonhard Stiny

1 Aufgaben und Anwendungen der Regelungstechnik

1.1 Allgemeines zur Regelungstechnik

In der Automatisierung hat die selbsttätige Regelung eine sehr große Bedeutung. In technischen Verfahren und Fertigungsprozessen müssen bestimmte physikalische Größen wie Temperatur, Druck, Drehzahl, Spannung usw. gewisse Werte annehmen und entweder auf einem konstanten Wert oder in festgelegten Abhängigkeiten von anderen Größen gehalten werden. Die Aufgabe der Regelungstechnik ist es, die genannten Größen auf vorgeschriebene Werte (Sollwerte) zu bringen und diese entgegen allen Störeinwirkungen dort zu halten.

Die Regelungstechnik wird in fast jedem technischen Gebiet eingesetzt. Anwendungen reichen von der Elektrotechnik über die Antriebstechnik, den Maschinenbau bis hin zur Verfahrenstechnik. Würde man versuchen, die Regelungstechnik mit fachlichen Regeln dieser einzelnen Gebiete zu erklären, so müsste man jedes Fachgebiet sicher beherrschen. Bei der Komplexität der heutigen Technik ist dies aber nicht möglich.

Bei genauerer Untersuchung zeigt sich jedoch, dass den fachlichen Aufgaben in unterschiedlichen technischen Gebieten gewisse Grundgedanken gemeinsam sind. Bei der Regelung eines Antriebs und bei einer Druck- oder Temperaturregelung tauchen z. B. Gemeinsamkeiten auf, die man mit einer einheitlichen Vorgehensweise beschreiben kann. Die Grundgesetze der Regelungstechnik gelten in gleicher Weise für alle Regelkreise, ganz unabhängig davon, wie verschieden sie im Einzelnen apparativ aufgebaut sind.

Der Praktiker, der sich etwas tiefer mit der Regelungstechnik beschäftigen will und Bücher zu diesem Thema durchsieht, gewinnt leicht den Eindruck, dass man die Regelungstechnik ohne umfangreiche mathematische Kenntnisse nicht verstehen kann. Dieser Eindruck ist aber nicht richtig. Die wirkungsmäßigen Zusammenhänge im Regelkreis können durch verständliche grafische Darstellungen und durch wenige, einfache Formeln erläutert werden. Für die Lösung von Regelungsaufgaben ist es allerdings notwendig, spezielle Begriffe sowie den Aufbau, die Arbeitsweise und die funktionalen Beziehungen einzelner Komponenten zu kennen. Diese Gebiete werden im vorliegenden Buch erläutert.

1.2 Aufgaben eines Regelungstechnikers

Mit welchen Aufgaben hat es ein Regelungstechniker in der Praxis eigentlich zu tun?

Unter Regelungstechniker verstehen wir hier nicht einen Ingenieur mit einer Ausbildung an einer Hochschule, der in einer Entwicklungsabteilung arbeitet und sich im Labor mit der Entwicklung von Regelgeräten, Regelalgorithmen oder speziellen Regelschaltungen beschäftigt. Solche Spezialisten benötigten wesentlich umfangreichere und tiefer gehende Kenntnisse, als sie in dieser kurzen Einführung vermittelt werden können. Vor allem ist für die Bearbeitung von Aufgabenstellungen in der Theorie der Regelungstechnik ein breites Wissen in höherer Mathematik und in der Systemtheorie nötig. Die Analyse und Modellierung von Systemen, der Gebrauch von Differenzialgleichungen oder die Anwendung der Laplace-Transformation sind hierfür einige Beispiele.

Die Frage nach den Aufgaben in der Praxis richtet sich an einen Personenkreis, der vor Ort in Firmen nicht zufriedenstellend arbeitende Regelkreise optimieren, eine Steuerung von Hand auf eine Regelung umstellen oder einen Regelkreis für eine Neuanlage dimensionieren und bearbeiten soll. Bei diesen Aufgaben kommt man in vielen Fällen ohne höhere Mathematik aus. Es genügen gewisse Grundkenntnisse, Überschlagsformeln und die Kenntnis einiger Erfahrungswerte, um einen Regelkreis zu realisieren und zumindest zu einem gewissen Grad zu optimieren. Grundsätzlich ist bei der Dimensionierung einer Regelung immer zu beachten, dass mit wachsenden Anforderungen auch meist die Kosten erheblich ansteigen.

Die wichtigsten Aufgaben für einen Regelungstechniker sind zusammengefasst:

- Prüfen, ob eine Regelung nennenswerte Vorteile bringt
- Festlegen der Regelgröße
- Festlegen des Messortes
- Ermitteln der Störgrößen
- Wahl des Stellgliedes
- Wahl eines geeigneten Regelgerätes
- Montage der Regelgeräte unter Beachtung der einschlägigen Vorschriften
- Inbetriebnehmen des Regelkreises
- Parameter einstellen und Arbeitsweise optimieren.

1.3 Anwendungen für Regelungen

Eine Regelung ist immer dann erforderlich, wenn eine Größe entgegen dem Einfluss einer Störgröße auf einen bestimmten Wert zu bringen bzw. dort zu halten ist, oder wenn eine Größe einer konstanten oder sich ändernden Führungsgröße angeglichen werden muss.

Schwerpunkte der Regelungstechnik

Die Regelungstechnik wird in fast allen Gebieten technischer Anwendungen eingesetzt. In den unterschiedlichen Anwendungsgebieten ergeben sich gewisse Gemeinsamkeiten, die es gestatten, mit einheitlichen Vorgehensweisen und Lösungsansätzen zu arbeiten. Bedingt durch die unterschiedlichen Regelgrößen, Ausregelgeschwindigkeiten, verschiedenen Maschinen- und Gerätetypen sowie Besonderheiten der Anwendungsgebiete kann man Einteilungen für gewisse Hauptanwendungen aufstellen.

– Verfahrensregelung

Hierunter sind Regelungen von Temperatur, Druck, Durchfluss, Niveau etc. in den unterschiedlichsten industriellen Einsatzgebieten zu verstehen. Betrachtet man hier das Kriterium „Ausregelzeit“, so handelt es sich um Größenordnungen im Millisekundenbereich (z. B. bei der Druckregelung) bis in den Stundenbereich bei der Temperaturregelung größerer Anlagen (z. B. Industrieöfen).

– Antriebsregelungen (Drehzahlregelung)

Im Vordergrund steht die Regelung der Drehzahl von Motoren in unterschiedlichen Maschinen und Anlagen, z. B. zur Herstellung von Kunststoffen, Papier oder Textilien. Die eingesetzten Regelgeräte sind für diese Anwendung meist speziell zugeschnitten, da hier z. B. Störgrößen, die im Bereich von Zehntelsekunden liegen, ausgeregelt werden müssen.

– Regelung elektrischer Größen

Dieses Gebiet betrifft das Ausregeln von elektrischen Größen, z. B. Spannung, Strom, Leistung oder auch Frequenz. Es handelt sich hierbei um Geräte, die zur Stromerzeugung dienen oder zur Konstanthaltung der Kennwerte von Versorgungsnetzen. Hier können ebenfalls Störgrößen von einigen Zehntelsekunden und kürzer auftreten.

– Lageregelung

Die Aufgabe ist das Positionieren von z. B. Werkzeugen, Werkstücken oder kompletten Einheiten in einer Ebene oder auch im Raum. Als Beispiel sei hier eine Fräsmaschine erwähnt. Auch hier muss das Ausregeln auf die Führungsgröße sehr schnell und sehr genau erfolgen.

– Kursregelung

Sie umfasst die Regelung des Kurses von Schiffen oder Flugzeugen. Besondere Anforderungen, die hier an das Regelgerät gestellt werden, sind ebenfalls eine hohe Verarbeitungsgeschwindigkeit und Betriebssicherheit bzw. ein kleines Gewicht.

Beispiel 1

Eine Regelung ist notwendig, um eine vorher gewählte Temperatur in einem Wohnraum durch richtig dosierte Wärmezufuhr entgegen diversen Störeinflüssen (z. B. Öffnen eines Fensters) möglichst konstant zu halten.

Beispiel 2

Ein beliebiger Motor, unabhängig davon, ob es sich um einen Elektro- oder Verbrennungsmotor handelt, bei dem eine möglichst konstante Drehzahl unter unterschiedlichen Belastungen sichergestellt sein muss, benötigt eine Regelung. Die Regelgröße ist hier die Drehzahl, die Störgröße die Drehmomentbelastung der Motorwelle. Als Messeinrichtung dient hier ein Drehzahlmesser. Die Stellgröße ist die Versorgungsspannung bzw. die Treibstoffzufuhr des Motors.

Beispiel 3

Ein einfaches Beispiel einer Regelung ist ein Toilettenspülkasten. Der Wasserstand innerhalb des Kastens soll auf einem bestimmten Wert gehalten werden. Ist er zu hoch, läuft der Spülkasten über, ist er zu niedrig, so steht nicht genügend Wasser für den nächsten Spülvorgang zur Verfügung. Der Wasserstand ist hier also die Regelgröße. Störgrößen sind der Wasserzulauf, ständiger Wasserablauf durch eventuelle Undichtigkeiten und natürlich der Spülvorgang selbst, der den Wasserstand kurzzeitig auf null bringt. Messeinrichtung, Vergleichs- und Regelglied sowie der Steller sind hier in einer mechanischen Vorrichtung aus einem Schwimmer und einem Hebelwerk kombiniert. Die Stellgröße ist die mechanische Kraft auf das Einlassventil, welches das Stellglied verkörpert.

Der Zufluss zum Spülkasten wird durch das Einlassventil (Absperrventil) entweder geöffnet oder geschlossen. Nach einem Spülvorgang füllt sich der Behälter kontinuierlich. Ist der Wasserstand so hoch, dass der Schwimmer angehoben wird, so steigt der Schwimmer, durch die Stangenmechanik schließt sich das Absperrventil immer mehr und sperrt schließlich die Wasserzufuhr. Der Spülkasten ist dann gefüllt, die Spülung kann erneut betätigt werden. Die Stange ist ein Proportionalregler mit Arbeitspunkt. Das Proportionalventil ist das Stellglied, das den Wasserzufluss begrenzt. Der Behälter ist die integrierende Regelstrecke. Der Schwimmer ist die Messeinrichtung.

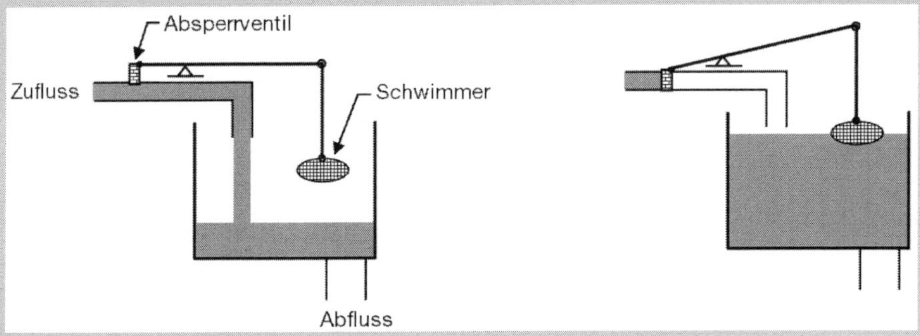

Abb. 1: Prinzipdarstellung der Regelung des Wasserstandes in einem Toilettenspülkasten, Zustand nach dem Spülen (links) und nach dem Füllen des Behälters (rechts)

2 Begriffe der Regelungstechnik

Bei der Planung, Ausführung und Inbetriebnahme einer regelungstechnischen Anlage ist eine unmissverständliche Kommunikation zwischen allen Beteiligten erforderlich. Dazu sind eindeutige Begriffsdefinitionen und genormte grafische Symbole notwendig.

Um innerhalb eines technischen Prozesses eine physikalische Größe, z. B. einen Druck, einen Durchfluss oder eine Temperatur, auf einem gewünschten Wert zu halten, kann diese Größe entweder gesteuert oder geregelt werden.

2.1 Grundprinzipien von Steuerung und Regelung

2.1.1 Steuerung

Ein System kann allgemein als eine Menge untereinander verbundener Komponenten zur Erfüllung eines technischen Zwecks definiert werden. Die Steuerung ist ein Vorgang, bei dem über eine oder mehrere Eingangsgrößen eines Systems eine Prozessgröße beeinflusst wird. Der sich tatsächlich einstellende Wert der Prozessgröße wird nicht überprüft, so dass sich eine mögliche Abweichung, z. B. hervorgerufen durch äußere Störungen, nicht auf den Steuerungsvorgang auswirkt. Kennzeichen der Steuerung ist somit ein **offener Wirkungsablauf**.

Der in Abb. 2 dargestellte Bediener hat die Aufgabe mit einem Stellventil den Druck p_2 in einer Rohrleitung einzustellen. Dazu nutzt er eine Zuordnungsvorschrift (Tabelle), in der für jeden Sollwert (w) ein bestimmtes Stellsignal (y) des Fernstellers festgelegt ist. Da dieses Stellverfahren mögliche Durchflussschwankungen nicht berücksichtigt, sollte eine Größe nur dann gesteuert werden, wenn sichergestellt ist, dass sie nicht durch Störungen in unzulänglicher Weise beeinflusst wird.

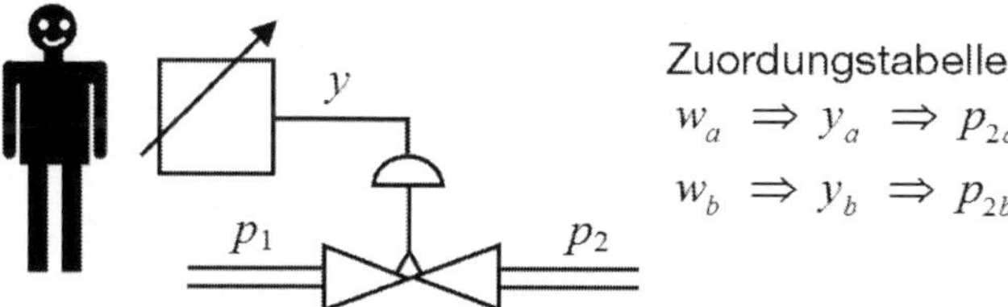

Abb. 2: Der Bediener *steuert* über den Fernsteller die Prozessgröße p_2

Der Informationsfluss findet nur in einer Richtung statt. Das Steuerglied (der Bediener) nimmt Werte der Eingangsgröße (aus der Tabelle) auf, in deren Abhängigkeit (Zuordnungstabelle) der Steller (das Stellventil) den Druck p_2 (die Ausgangsgröße, die Zielgröße) einstellt. Das Steuerglied als „Zuordnungsvorrichtung" erhält also keinerlei „Kenntnis" davon, ob sein Versuch, die Zielgröße auf einen bestimmten Wert zu bringen (bzw. dort evtl. konstant zu halten), erfolgreich ist oder nicht.

2.1.2 Regelung

Bei einer Regelung wird die zu regelnde Größe (Regelgröße x) fortlaufend gemessen und mit einem vorgegebenen Wert (Führungsgröße w) verglichen. Besteht zwischen diesen beiden Größen eine Differenz (Regeldifferenz e bzw. Regelabweichung x_w), so wird abhängig von der gemessenen Differenz ein Verstellvorgang eingeleitet, welcher die Regelgröße mit der Führungsgröße wieder in Übereinstimmung bringen soll. **Kennzeichen der Regelung** ist somit ein **geschlossener Wirkungsablauf**. Abweichungen des Ausgangs vom Sollwert werden ausgeregelt.

Der in Abb. 3 dargestellte Bediener überwacht den Druck p_2 in der Rohrleitung, an der verschiedene Verbraucher angeschlossen sind. Erhöht sich der Verbrauch, so sinkt der Druck in der Leitung. Dies erkennt der Bediener an der Anzeige, woraufhin er den Steuerdruck des pneumatischen Stellventils so lange verändert, bis der gewünschte Druck p_2 wieder angezeigt wird. Durch die ununterbrochene Beobachtung der Druckanzeige und den unverzüglichen Regeleingriff sorgt der Bediener dafür, dass sich der Druck immer auf dem gewünschten Wert hält. Aufgrund der Rückführung der Prozessgröße p_2 über die Druckanzeige zum Bediener liegt ein geschlossener Wirkungsablauf vor, welcher das typische und notwendige Merkmal einer Regelung ist.

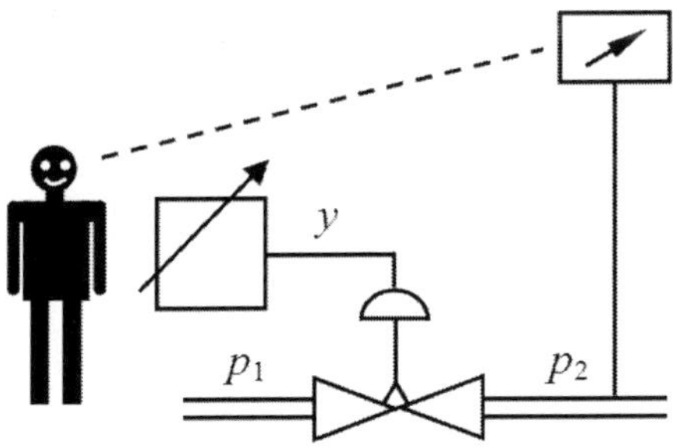

Abb. 3: Der Bediener *regelt* die Prozessgröße p_2

In DIN 19 226 ist der Begriff der Regelung wie folgt definiert:

„Das Regeln, die Regelung, ist ein Vorgang, bei dem fortlaufend eine Größe, die Regelgröße (zu regelnde Größe), erfasst, mit einer anderen Größe, der Führungsgröße, verglichen und abhängig vom Ergebnis dieses Vergleichs im Sinne einer Angleichung an die Führungsgröße beeinflusst wird. Kennzeichen für das Regeln ist der geschlossene Wirkungsablauf, bei dem die Regelgröße im Wirkungsweg des Regelkreises fortlaufend sich selbst beeinflusst.“

2.2 Komponenten des Regelkreises

Die Komponenten eines Regelkreises werden entsprechend ihren jeweiligen Teilaufgaben wie folgt unterschieden:

Regeleinrichtung	Regler und Steller
+ **Strecke**	Stellglied sowie Pumpe, Rohrleitung, Kessel etc.
+ **Messeinrichtung**	Temperatur-, Druckaufnehmer usw.
= **Regelkreis**	

Die Elemente der Stelleinrichtung werden zum Teil der Regeleinrichtung und teilweise der Strecke zugeordnet.

Steller (Teil der Regeleinrichtung)	Stellantrieb (Motor)
+ **Stellglied** (Teil der Strecke)	Stellventil, Mischer
= **Stelleinrichtung**	

Diese Unterscheidung ergibt sich unmittelbar aus der Aufgabenverteilung:

Während der Steller das Reglerausgangssignal aufbereitet und das Stellglied entsprechend beeinflusst, greift das Stellglied als Teil der zu regelnden Strecke in den Massen- oder Energiestrom ein.

2.3 Benennungen und Abkürzungen regelungstechnischer Größen

Regelgröße, Istwert x

In einem Regelkreis wird diejenige Prozessgröße mit x bezeichnet, deren Zustand geregelt werden soll. Die Regelgröße ist das eigentliche „Ziel" der Regelung, es ist diejenige (Ausgangs-)Größe, die zu beeinflussen bzw. konstant zu halten der Zweck des gesamten Systems ist. Der zu einem bestimmten Zeitpunkt bestehende Momentanwert der Regelgröße heißt „Istwert".

Beispiele für wichtige Regelgrößen sind in der

- Mechanik: Kraft, Druck, Drehmoment, Geschwindigkeit, Drehzahl.
- Elektrotechnik: Spannung, Strom, Leistung, Frequenz.
- Verfahrenstechnik: Temperatur, Druck, Durchfluss, Niveau, Mischungsverhältnis, pH-Wert.

Führungsgröße, Sollwert w

Diese Größe gibt den Wert vor, den die zu regelnde Prozessgröße einnehmen soll (Sollwert). Ihr physikalischer Wert in Form einer mechanischen oder elektrischen Größe (Kraft, Druck, elektrischer Strom, Spannung etc.) wird im geschlossenen Regelkreis mit der Regelgröße x verglichen. Aus Abweichungen zwischen w und x werden entsprechende Maßnahmen zur Verkleinerung der Abweichungen abgeleitet. Die Führungsgröße ist diejenige Größe, die die Regelgröße x „führen", d. h. zu der sich die Regelgröße äquivalent entwickeln soll. Die Führungsgröße ist konstant, wenn es nur das Ziel ist, die Regelgröße ihrerseits konstant zu halten. In diesem Fall handelt es sich um eine „Festwertregelung". Die Führungsgröße kann sich jedoch auch ständig ändern, es liegt dann eine „Folgewertregelung" vor. Die Aufgabe des Systems ist dann, die Regelgröße so zu beeinflussen, dass sie möglichst präzise den Änderungen der Führungsgröße „folgt".

Achtung: Der Messwert der Regelgröße hat meist nicht dieselbe Einheit wie die Führungsgröße. Bei der Regelung einer Raumtemperatur hätte z. B. die Führungsgröße die Einheit Grad Celsius der gewünschten Raumtemperatur, der Messwert eines Raumtemperaturfühlers hätte dagegen die Einheit Volt der elektrischen Messspannung.

Störgröße z

Störgrößen sind diejenigen Größen, welche die Regelgröße ungewollt beeinflussen und vom Sollwert entfernen. Es ist eine Aufgabe der Regelung, diesen Einfluss zu kompensieren. Störgrößen können am Reglereingang, am Streckeneingang, innerhalb der Strecke, am Streckenausgang und an Sensoren wirksam werden.

Im Falle einer Festwertregelung wird die Regelung durch die Existenz der Störgröße überhaupt erst notwendig. Bei der Regelung einer Raumtemperatur wäre die Störgröße z. B. die Temperatur einer in den Raum strömenden Außenluft oder jede andere Größe, durch die sich die Raumtemperatur von ihrem Sollwert entfernt.

Rückführgröße r

Sie ist die aus der Messung der Regelgröße hervorgegangene Größe, die zum Reglereingang auf das Vergleichsglied zurückgeführt wird. In einem Regelkreis wird die Regelgröße ständig überprüft, um auf ungewollte Änderungen reagieren zu können. In unserem Beispiel der Regelung einer Raumtemperatur entspräche die Rückführgröße der Messspannung des Innenthermometers.

Vergleichsglied

Der Vergleicher ist die Einrichtung zur Bildung der Regeldifferenz. Mit dem Vergleichsglied wird der Momentanwert der Führungsgröße w und der aktuelle Messwert der Regelgröße x miteinander verglichen. In den meisten Fällen handelt es sich bei beiden Größen um Spannungen (vorgegebene Werte für w oder gemessene Werte für x).

Regeldifferenz $e = w - x$

Die vom Vergleichsglied errechnete Differenz aus Führungsgröße und Regelgröße wird als Regeldifferenz e als Eingangsgröße an das Regelglied weitergegeben und dort ausgewertet. Wird die Wirkung der Messeinrichtung mit berücksichtigt, muss mit $e = w - r$ gerechnet werden.

Anmerkung: Häufig wird die Regeldifferenz als Regelabweichung bezeichnet. Eine Regelabweichung tritt jedoch am Ausgang einer Regelstrecke auf.

Regelabweichung $x_w = x - w$

Die Regelabweichung hat denselben Betrag wie die Regeldifferenz e, jedoch umgekehrtes Vorzeichen. Wird die Messeinrichtung mit einbezogen, so gilt: $x_w = r - w$. Die Regelabweichung wird vorzugsweise zur Anzeige benutzt, da hiermit leicht erkennbar ist, ob die Regelgröße x größer ($x > w \Rightarrow x_w$ positiv) oder kleiner ($x < w \Rightarrow x_w$ negativ) als die Führungsgröße w ist.

Regelglied

Das Regelglied ist das eigentliche Herzstück einer Regelung. Es wertet die Regeldifferenz, also die Information darüber, ob, wie und wie stark die Regelgröße vom aktuellen Sollwert abweicht, als Eingangsgröße aus und leitet aus dieser auf Grundlage seiner Übertragungsfunktion die „Reglerausgangsgröße" y_r ab, durch die in letzter Konsequenz die Regelgröße beeinflusst wird. Die Reglerausgangsgröße wäre im Beispiel der Regelung einer Raumtemperatur die Spannung für den Mischermotor. *Die Art und Weise wie das Regelglied aus der Regeldifferenz die Reglerausgangsgröße bestimmt (Übertragungsverhalten), ist das hauptsächliche Kriterium der Regelung.*

Ein Regler verändert also das zeitliche Verhalten der Regeldifferenz $e(t)$ in geeigneter Weise derart, dass der Regelkreis insgesamt das geforderte Verhalten zeigt. Die Vergleichsstelle sowie der Antrieb des Stellgliedes (Stelleinrichtung/Stellantrieb/Steller) gehören ebenfalls zum Regler.

Reglerausgangsgröße y_R (Reglerstellgrad)

Mit y_R wird die Ausgangsgröße des Reglers bzw. die Eingangsgröße des Stellantriebes (Stellers) bezeichnet.

Stellantrieb, Steller

Der Steller ist sozusagen das „ausführende Organ" der Regelung. Er erhält vom Regelglied in Form der Reglerausgangsgröße y_R Information darüber, wie die Regelgröße beeinflusst werden soll, und setzt diese Angabe in eine Änderung der Stellgröße um. Beim Beispiel der Regelung einer Raumtemperatur wäre der Steller der Mischer*motor*. Je nach der vom Regelglied gelieferten Spannung (also der Reglerausgangsgröße y_R), beeinflusst der Motor die Stellung des Mischers. Der Steller ist ein Verstellorgan wie z. B. ein Stellmotor, ein pneumatischer oder hydraulischer Antrieb.

Stellgröße y

Die Stellgröße ist die Ausgangsgröße der Regeleinrichtung und die Eingangsgröße der Regelstrecke. Sie wird vom Regler bzw. bei Verwendung eines Stellgerätes von diesem generiert. Sie ist abhängig von der Einstellung der Regelparameter sowie vom Wert der Regeldifferenz.

Stellglied

Dies ist das Glied des Regelkreises, das in Abhängigkeit der Stellgröße die Regelgröße mehr oder weniger direkt beeinflusst. Im Beispiel einer Raumtemperaturregelung wäre dies ein Mischer. Die Einstellung des Mischers durch die Stellgröße y wird durch den Mischermotor (Steller) vorgenommen und beeinflusst über die Wassertemperatur die Raumtemperatur. Stellglieder werden von einem Steller mit der Stellgröße y angesteuert. Das Stellglied bekommt sein Eingangssignal vom Steller. Das Stellglied (z. B. ein Ventil) greift unmittelbar in den Prozess ein und wird deshalb der Regelstrecke zugeordnet.

Stellbereich y_H

Dies ist der Bereich, in dem die Stellgröße geändert werden kann. Innerhalb des Stellbereichs y_H kann die Stellgröße y vom Regler vorgegeben werden. Der Stellbereich eines Reglers ist der gesamte Signalbereich, in dem die Stellgröße Einfluss auf die Regelstrecke nehmen kann, um eine evtl. vorhandene Regeldifferenz zum Verschwinden zu bringen.

Regelbereich x_H

Der Regelbereich x_H eines Reglers beschreibt den maximalen Aussteuerbereich eines Reglers. Dies ist der Bereich, in dem die Regelgröße eingestellt und unter Berücksichtigung der zulässigen Grenzen der Störgrößen noch ausgeregelt werden kann.

Regelstrecke

Die Regelstrecke ist das System oder der Prozess, in dem sich die zu regelnde Größe befindet. Im Beispiel der Raumtemperaturregelung ist es der Wohnraum. Die Regelstrecke ist der Anlagenteil, in dem die Regelgröße auf den Sollwert gebracht werden muss. Aus regelungstechnischer Sicht beginnt die Regelstrecke an dem Ort, an dem der Regler seinen Stellgrad aufschaltet (an der Stelle, an der das Stellglied in die Wirkungskette einwirkt). Die Zuordnung des Stellgliedes zur Regelstrecke ist eine etwas vereinfachte, jedoch praxistaugliche Betrachtung. Die Regelstrecke endet an der Stelle, an welcher der Istwert erfasst wird, also am Sensor. Auf die Regelstrecke wirken Störgrößen, die Einfluss auf die Regelgröße nehmen, wenn sie ihren Wert ändern.

Kurz: Regelstrecke = der zu regelnde Vorgang!

Ausgleichsverhalten

Eine Regelstrecke (System) verhält sich ohne Ausgleich, wenn nach einem begrenzten Eingangssignal das System auf keinen neuen Beharrungszustand (Endzustand) zustrebt. Ein Beispiel ist eine integrierende Strecke (Füllen eines Behälters). Stellt sich ein neuer Beharrungszustand ein, liegt eine Strecke mit Ausgleich vor. Strecken ohne Ausgleich sind im Allgemeinen schlecht regelbar!

Totzeit

Unter der Totzeit versteht man die Zeit, die von einer Änderung der Reglerausgangsgröße bis zu einer messbaren Reaktion der Regelstrecke vergeht. Im Beispiel der Raumtemperaturregelung wäre dies die Zeit zwischen einer Änderung der Spannung für den Mischermotor und einer hierdurch bedingten messbaren Änderung der Raumtemperatur.

Signal

Ein Signal ist die physikalische Repräsentation bzw. der Träger einer Nachricht. Ein Signal ist die Darstellung von Information durch den Wert oder Werteverlauf einer physikalischen Größe.

Übertragungsglied

Dies ist eine Einrichtung, der Eingangs- (y) und Ausgangssignale (x) zugeordnet werden können (z. B. Ventile, Verstärker). Im einfachsten Fall ist es ein Element mit einem Eingangssignal und einem Ausgangssignal. Verändert sich das Eingangssignal, so ändert sich auch das Ausgangssignal. Der kausale Zusammenhang zwischen dem Eingangs- und Ausgangssignal wird als *Übertragungsverhalten* bezeichnet. Dieses Verhalten wird durch einen mathematischen Ausdruck beschrieben: $x = f(y)$. Im Wirkungsweg von Signalen wird ein einfaches Übertragungsglied als Block mit einem eingehenden und einem ausgehenden Pfeil dargestellt.

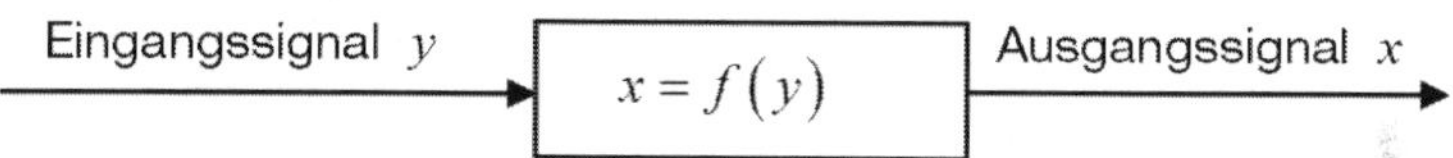

Abb. 4: Schema eines Übertragungsgliedes

Der Grundregelkreis besteht aus einem Regler mit dem Reglerverhalten G_R und der Strecke mit dem Übertragungsverhalten G_S.

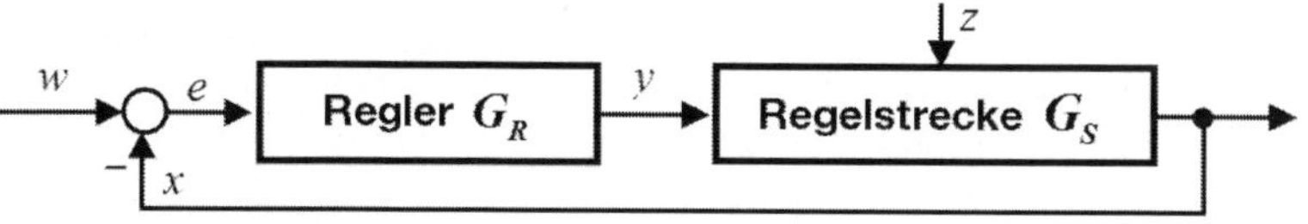

Abb. 5: Vereinfachtes Blockschaltbild (Wirkungsplan) eines Regelkreises

Das folgende Bild zeigt detailliert alle Komponenten eines Regelkreises.

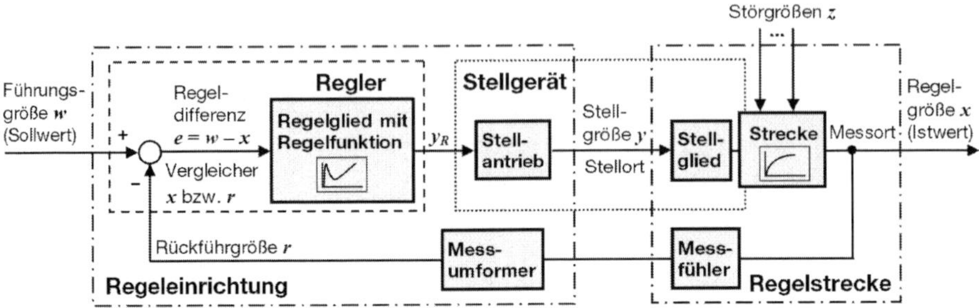

Abb. 6: Der geschlossene Regelkreis im Detail

Aus der Regeldifferenz $e = w - x$ bzw. $e = w - r$ wird über die Regelfunktion (z. B. PID) das Ausgangssignal y_R des Reglers ermittelt. Dies ist ein leistungsarmes Steuersignal, welches einem Stellgerät zugeführt wird, das die geeignete Kopplung an die Regelstrecke herstellt. Das Stellgerät besteht häufig aus einem Stellantrieb und einem Stellglied. Der Stellantrieb bildet aus dem Reglerausgangssignal y_R die Stellgröße y und betätigt das Stellglied, welches in den Massen- oder Energiestrom der geregelten Anlage eingreift und diesen dosiert. Die Regelstrecke ist derjenige Teil des Regelkreises, in dem die Regelgröße geregelt wird (der zu regelnde Prozess). Sie beginnt am Stellort, also dort, wo die Stellgröße y in den Massen- oder Energiestrom eingreift und endet am Messort, wo sich der Messfühler zur Erfassung der Regelgröße x befindet. Der Stellantrieb wird zur Regeleinrichtung gezählt, weil er ein eigenes Zeitverhalten besitzt und damit das Gesamtzeitverhalten der Regeleinrichtung beeinflusst. Das Stellglied dagegen wird zur Regelstrecke gerechnet, weil es sich um unmittelbar den Prozess beeinflussende Teile wie Ventile, Schieber, Klappen oder elektronische Schalter (Transistoren, Thyristoren) handelt. Der Messfühler gehört ebenfalls zur Regelstrecke, da er nicht trägheitslos arbeitet und damit das Zeitverhalten der Regelstrecke beeinflusst.

Zusammenfassung

Ein Regelvorgang wird entweder durch Änderung der Sollgröße oder durch Auftreten einer Störung ausgelöst. Die Regelgröße wird fortlaufend (oder in bestimmten Zeitintervallen) von einer Messeinrichtung gemessen. Die so gewonnene Rückführgröße wird im Vergleichsglied mit der Führungsgröße verglichen und daraus die Regeldifferenz gewonnen. Aus dieser bestimmt das Regelglied auf unterschiedliche Weise die Reglerausgangsgröße, die über Steller, Stellgröße und Stellglied auf die Regelstrecke übertragen wird und sich so auf die Regelgröße auswirkt.

3 Symbole der Regelungstechnik

3.1 Das Blockschaltbild (Wirkungsplan)

Ein Teil eines technischen Gerätes oder einer technischen Anlage kann als System bzw. gleichbedeutend als **Übertragungsglied** mit Eingangs- und Ausgangsgrößen betrachtet werden. Das Übertragungsglied stellt zwischen Eingangs- und Ausgangsgröße nicht nur einen statischen, sondern meist einen funktionellen dynamischen Zusammenhang dar, es bestimmt die Zeitabhängigkeit zwischen Eingangs- und Ausgangsgrößen. Grafisch wird ein System, ein Teilsystem bzw. ein Übertragungsglied durch einen Block dargestellt.

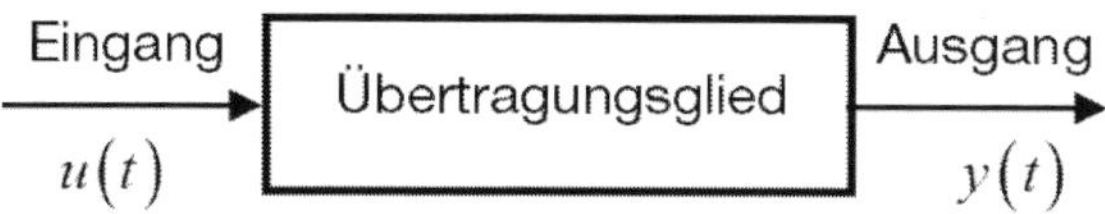

Abb. 7: Darstellung eines Übertragungsgliedes (Systems) durch einen Block

Ein System kann wiederum aus einzelnen Teilsystemen (Übertragungsgliedern) zusammengesetzt sein. Die wesentlichen Komponenten eines Steuer- bzw. Regelsystems (allgemein eines Übertragungssystems) werden mittels Blockschaltbildern dargestellt. Das *Zusammenwirken der einzelnen Übertragungsglieder* und damit der einzelnen Eingangs- und Ausgangsgrößen kann man durch ein Blockschaltbild (Strukturbild, Wirkungsplan) beschreiben. Ein Blockschaltbild ist also eine sinnbildliche Darstellung der wirkungsmäßigen Zusammenhänge verschiedener Elemente eines Systems. Die Übertragungsglieder werden durch Blöcke dargestellt, die über Signale miteinander verbunden sind. Mit einem Blockschaltbild kann der Aufbau eines Systems durch Teilsysteme und der Energie- und Informationsfluss im System grafisch verdeutlicht werden. Die Wirkungszusammenhänge einzelner Funktionsblöcke (mit unterschiedlichem Übertragungsverhalten) sind auf diese Weise übersichtlich darstellbar. Vor allem in der Regelungstechnik werden Systeme bzw. Systemmodelle mit Blockschaltbildern beschrieben. Falls erforderlich, kann die Teilaufgabe, für die ein Block steht, durch zusätzlichen Klartext erläutert werden. Für sehr detaillierte Beschreibungen ist die Blockschaltbildsymbolik jedoch nicht geeignet. Hierfür können grafische Symbole verwendet werden, mit denen auch funktionelle Einzelheiten übersichtlich aufgezeigt werden können.

3.1.1 Elemente von Blockschaltbildern

Die Elemente von Blockschaltbildern sind Wirkungslinien, Blöcke, Additions- und Verzweigungsstellen.

3.1.1.1 Wirkungslinie

Ein- und Ausgangssignale werden durch Linien (Wirkungslinien) dargestellt, sie verbinden die Blöcke und geben die Signalflüsse an. Die Wirkungsrichtungen (Ein- oder Ausgang) werden mit Pfeilen gekennzeichnet.

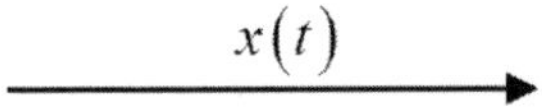

$x(t)$

Abb. 8: Wirkungslinie, Signal mit gerichtetem Wirkungssinn, das Argument „t“ muss nicht mit angegeben werden

3.1.1.2 Linearer Verarbeitungsblock

Beim Blockschaltbild stellen Blöcke (rechteckige Symbole) die einzelnen Schritte mit der Art der Signalverarbeitung dar. Die wirkungsmäßige Abhängigkeit eines Ausgangssignals von einem Eingangssignal symbolisiert somit ein Rechteck (Block). Blöcke symbolisieren abgegrenzte Funktionseinheiten, in denen eine Änderung des Eingangssignals erfolgt, z. B. eine Verstärkung oder Verzögerung. Der zeitliche Verlauf eines Ausgangssignals, das einen Block verlässt, hängt vom dynamischen Verhalten des Blocks und vom Zeitverlauf des Eingangssignals ab. Erfolgt eine Verknüpfung von Teilsystemen zu einem größeren System, so ist diese Verknüpfung rückwirkungsfrei. Der Ausgang eines Teilsystems ist nur von dessen Eingängen abhängig und nicht von einer Belastung durch nachfolgende Teilsysteme. Es besteht **Rückwirkungsfreiheit**. Existiert eine Rückwirkung der Ausgangs- auf die Eingangsgröße, dann muss diese durch einen eigenen Rückkopplungsblock dargestellt werden.

Lineare Blockschaltbildsymbole werden durch *einfach* berandete Rechtecke dargestellt.

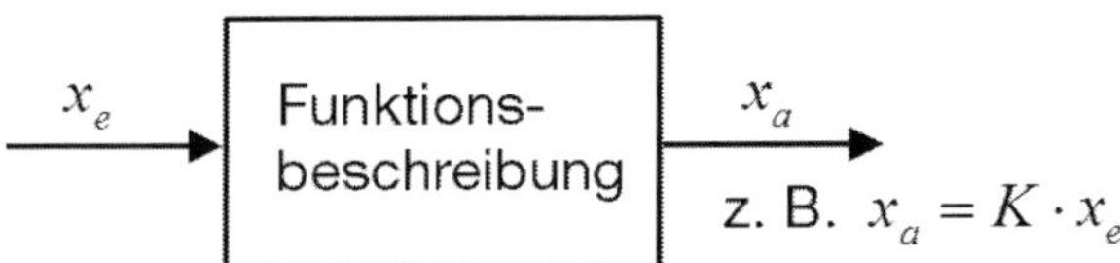

Abb. 9: Block mit Kennzeichnung des Übertragungsverhaltens

Bei linearen Systemen kann man das Übertragungsverhalten eines Übertragungsgliedes im Blockschaltbild auf unterschiedliche Arten darstellen.

- Der Typ des Elements wird in dem Rechteck durch eine Skizze der zeitlichen Antwort auf eine sprungförmige Eingangsanregung (Sprungantwort) gekennzeichnet.
- Das Formelzeichen, welches der mathematischen Operation entspricht, wird in den Block eingetragen.
- Die zugehörige Differenzialgleichung von Eingangs- und Ausgangsgröße in Abhängigkeit der Zeit wird in den Block geschrieben.

- Die komplexe Übertragungsfunktion $\underline{H}(j\omega)=\dfrac{\underline{X}_a(j\omega)}{\underline{X}_e(j\omega)}$ in Abhängigkeit der Frequenz wird in den Block geschrieben.
- Im Block steht eine Skizze des grafischen Verlaufs der Übertragungsfunktion (Frequenzgang von Amplitude und Phase).
- Der Block zeigt die statische Kennlinie, die bei einem linearen System stets eine Gerade ist.
- Im Block steht ein gerätetechnisches Sinnbild (lösungsbezogene Darstellung mit grafischen Symbolen).

Bei einem linearen System stehen Ursache (Eingang) und Wirkung (Ausgang) in einem linearen Zusammenhang, es gilt die **Verstärkungseigenschaft**: Die Wirkung der k-fachen Ursache ist gleich der k-fachen Wirkung der einfachen Ursache.

Als Formel: $\boxed{\text{Wirkung}(k\cdot\text{Ursache})=k\cdot\text{Wirkung}(\text{Ursache})}$

Mit anderen Worten: Wird die Eingangsgröße eines linearen Systems z. B. verdoppelt ($k=2$), so wird auch die Ausgangsgröße doppelt so groß. Eigentlich muss für die Linearität eines Systems zusätzlich zur Verstärkungseigenschaft die Gültigkeit des Überlagerungssatzes nachgewiesen werden. Liegt jedoch die leicht zu testende Verstärkungseigenschaft vor, so handelt es sich mit größter Wahrscheinlichkeit um ein lineares System, bei dem auch der **Überlagerungssatz** gilt: Die Antwort auf eine Summe von Erregungen ist gleich der Summe der Antworten auf die einzelnen Erregungen.

Als Formel: $\boxed{\text{Wirkung}(\text{Ursache 1})+\text{Wirkung}(\text{Ursache 2})=\text{Wirkung}(\text{Ursache 1}+\text{Ursache 2})}$

Warum ist die Linearität eines Systems so wichtig? Lineare Systeme sind gut erforscht, es existieren geschlossene Theorien. Alle Berechnungen können bei linearen Systemen mit einer allgemeinen Amplitude ausgeführt und in einer geschlossenen mathematischen Form dargestellt werden. **Bei einem nichtlinearen System ist die Auslegung einer Regelung wesentlich schwieriger als bei einem linearen System.** Zum Nachweis der Linearität genügt es in der Praxis, die Verstärkungseigenschaft nachzuweisen.

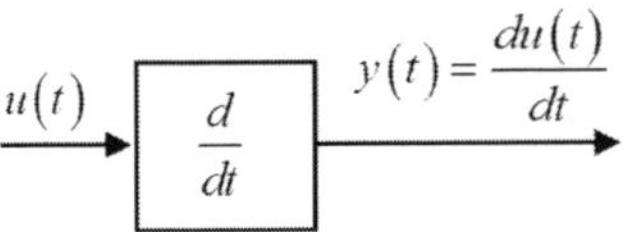

Verstärkung (skalare Multiplikation) eines Signals

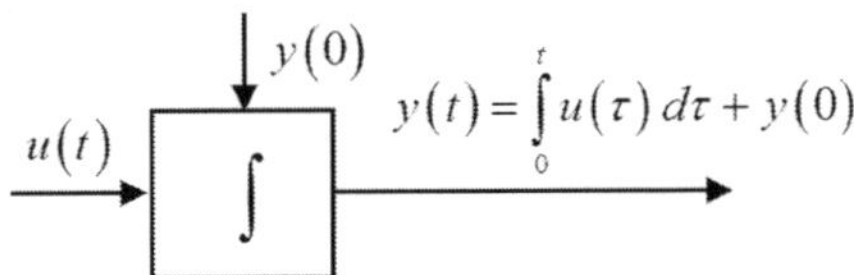

Proportionalglied (alternative Darstellung zur Multiplikation)

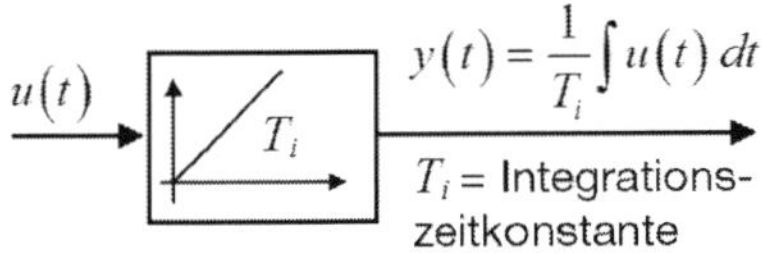

Differentiation eines Signals

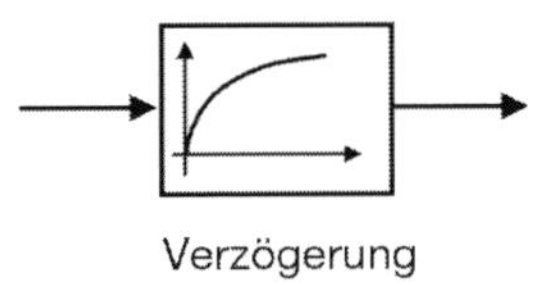

Integration eines Signals

$u(t)$ T_i $y(t) = \frac{1}{T_i} \int u(t)\,dt$

T_i = Integrationszeitkonstante

Integration eines Signals (alternative Darstellung)

Verzögerung

Abb. 10: Beispiele für lineare Blockschaltsymbole

Jedem Integrator entspricht eine lineare Differenzialgleichung erster Ordnung. Die Anzahl der Integratoren entspricht der Anzahl der voneinander unabhängigen Energiespeicher im System. Energiespeicher sind z. B. Kondensatoren, Spulen, mechanische Federn, Flüssigkeitsbehälter.

Bei einem Integrator ist der aktuelle Ausgang $y(t)$ nicht nur durch den momentanen Eingang $u(t)$, sondern auch durch dessen Verlauf in der Vergangenheit, also von $u(\tau)$ für $\tau < t$ bestimmt. Anders ausgedrückt: Der Anfangswert des Integrators $y(0)$ ist Stellvertreter für die Wirkung des Eingangssignals in der Vergangenheit, also von $u(\tau)$ für $\tau < 0$. Systeme mit Speichern sind so genannte **dynamische** Systeme. Dynamische Systeme besitzen ein „Gedächtnis", das den Einfluss der „Vorgeschichte" speichert.

Beispiel 4

Darstellung eines Zeitverhaltens (z. B. Füllstandshöhe in einem Behälter bei konstantem Zulauf)

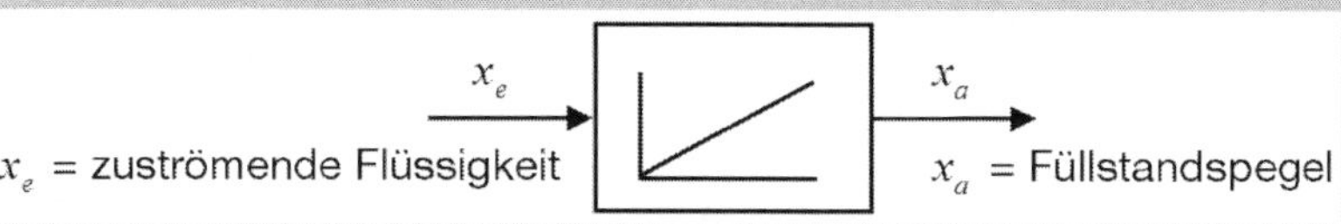

Abb. 11: Zeitlicher Verlauf eines Flüssigkeitsstandes

Beispiel 5

Spannung und Strom beim ohmschen Widerstand und beim Kondensator

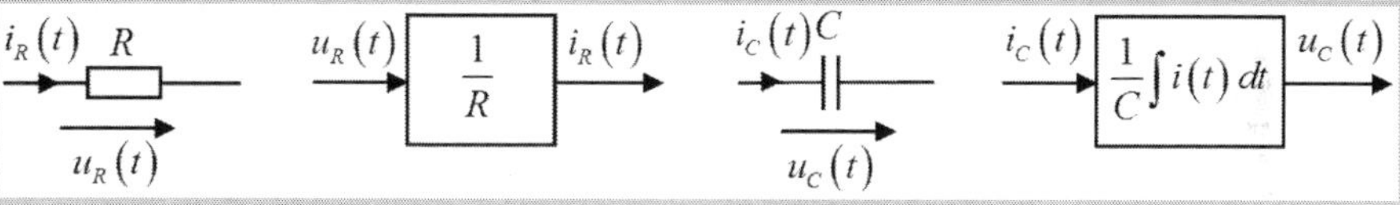

3.1.1.3 Additionsstelle

Eine Additionsstelle (Summierglied, Summierstelle) beschreibt die algebraische Summe der Eingangssignale. **Jedem Summationspunkt entspricht eine algebraische Gleichung.** Die Summation wird als Kreis mit zwei oder mehr zulaufenden Signalen dargestellt und ist ebenfalls eine lineare Operation. Die Eingänge werden entsprechend ihrem Vorzeichen addiert oder subtrahiert. Das Pluszeichen eines Signals muss nicht unbedingt gezeichnet werden, ohne Vorzeichen gilt für das Signal „+“. Ein Minuszeichen neben dem Signalpfeil kennzeichnet seine negative Aufschaltung an einer Summierstelle, das Signal wird dann subtrahiert.

Systeme, die durch rein algebraische Gleichungen beschrieben werden, sind **statische** Systeme, sie sind gedächtnislos und beinhalten keine Energiespeicher. Ein Netzwerk mit rein ohmschen Widerständen ist z. B. statisch, da die Antwort nur von den momentanen Werten der Erregung abhängt. Widerstandsnetzwerke sind durch algebraische Gleichungssysteme beschreibbar, ein Widerstand speichert keine Energie.

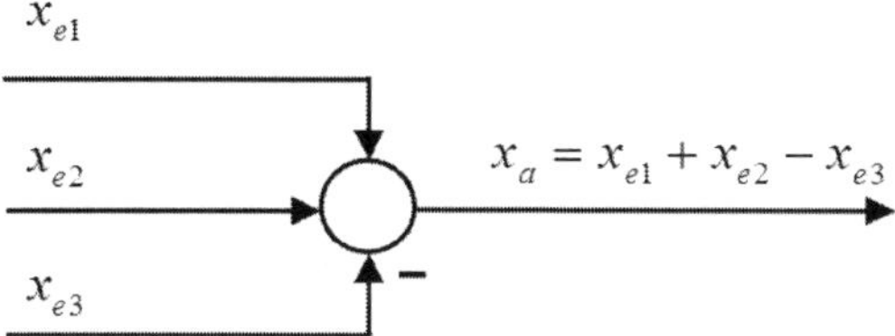

Abb. 12: Additionsstelle

3.1.1.4 Verzweigungsstelle

Auch eine Verzweigung ist eine lineare Operation. Ein Punkt bezeichnet eine Verzweigungsstelle. In ihr spaltet sich eine Wirkungslinie in zwei oder mehrere Wirkungslinien auf. Dabei wird das Signal unverändert weitergegeben.

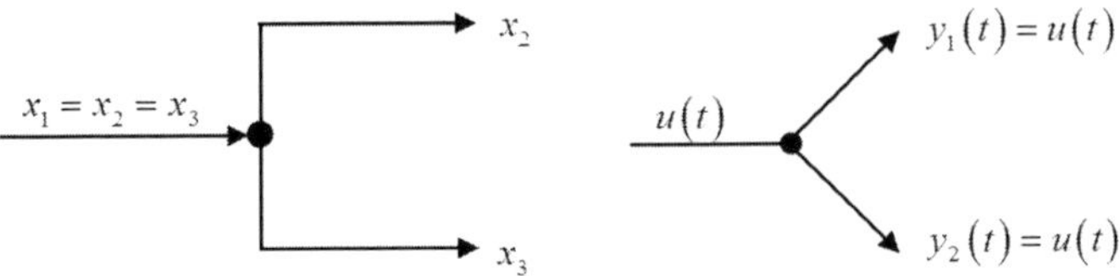

Abb. 13: Verzweigungsstelle eines Signals

3.1.1.5 Nichtlinearer Block

Bei nichtlinearen Systemen ist der Überlagerungssatz nicht anwendbar. Zur Analyse nichtlinearer Systeme gibt es kein allgemeines Verfahren. Allgemein gültige Berechnungen in geschlossener mathematischer Form sind wegen der Abhängigkeit der Amplitude von den Eigenschaften des Systems nicht möglich, häufig sind nur mathematische Näherungsverfahren einsetzbar. Betreibt man ein nichtlineares Element nur in der Umgebung eines Arbeitspunktes, so kann jedoch in vielen Fällen durch Linearisierung eine brauchbare lineare Näherung für das nichtlineare Verhalten gewonnen werden. Bei der **Linearisierung** wird die **gekrümmte Kennlinie durch die Tangente im Arbeitspunkt ersetzt**. Eine Linearisierung ist nicht möglich, wenn die Kennlinie in der Umgebung des Arbeitspunktes sprungförmig verläuft und/oder Hysterese-Effekte auftreten.

Bei nichtlinearen Elementen wird eine augenblickliche Wirkung des Eingangs auf den Ausgang unterstellt. Der Typ des Elements wird durch die Art der funktionalen Abhängigkeit des Ausgangs vom Eingang gekennzeichnet. Diese Funktion wird innerhalb des Blocks als Grafik skizziert. Die Multiplikation und Division zweier Signale gehören zu den nichtlinearen Funktionselementen.

Nichtlineare Blockschaltbildsymbole werden durch *doppelt* berandete Rechtecke dargestellt.

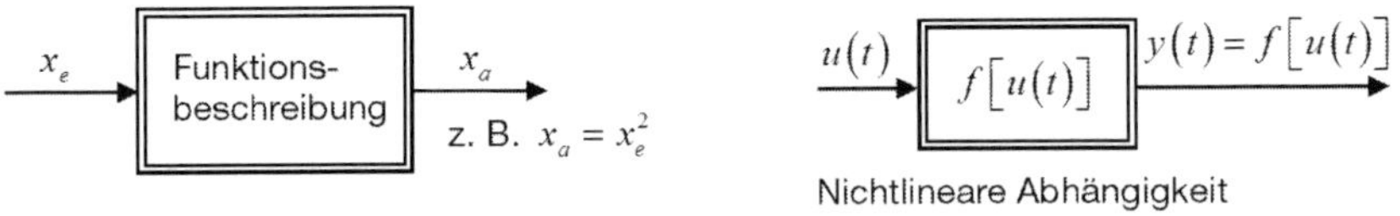

x_e Funktions-beschreibung x_a z. B. $x_a = x_e^2$

$u(t)$ $f[u(t)]$ $y(t) = f[u(t)]$

Nichtlineare Abhängigkeit

Abb. 14: Nichtlineares Übertragungsglied, meist wird zur Charakterisierung der Verlauf der stets gekrümmten Kennlinie dargestellt

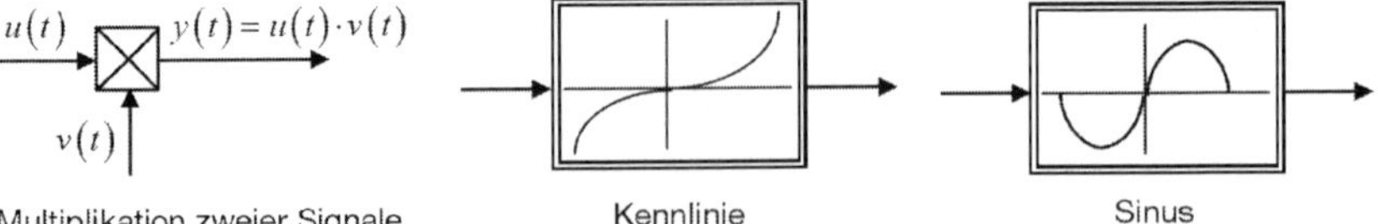

Abb. 15: Beispiele für nichtlineare Blockschaltbildsymbole

Beispiel 6

Radizieren einer Größe (z. B. Durchflussmessung über Differenzdruckaufnehmer)

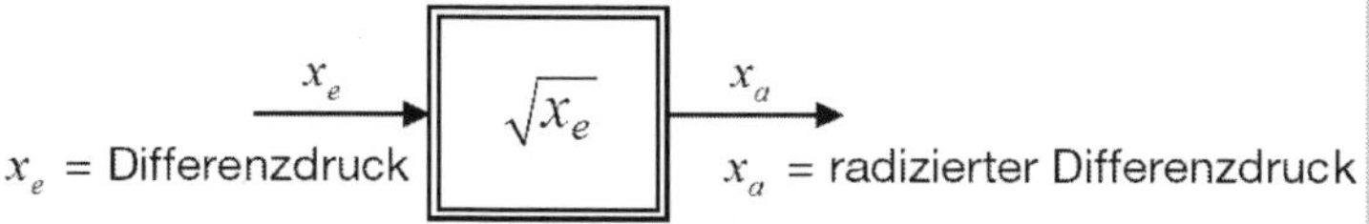

Abb. 16: Der Durchfluss ist proportional der Quadratwurzel aus dem Differenzdruck

Beispiel 7

Blockschaltbild einer Steuerung (siehe Abschnitt 2.1.1)

Mit der erläuterten Blockschaltbildsymbolik lässt sich der Unterschied zwischen Steuerungs- und Regelungsvorgängen sehr anschaulich zeigen. Beim offenen Wirkungsablauf der Steuerung (Abb. 17) verändert der Bediener den Fernsteller nur in Abhängigkeit von der Führungsgröße w. Die Einstellung erfolgt anhand einer zuvor ermittelten Zuordnungsvorschrift (z. B. einer Tabelle: Sollwert w_1 = Fernstellerposition v_1; $w_2 = v_2$ usw.).

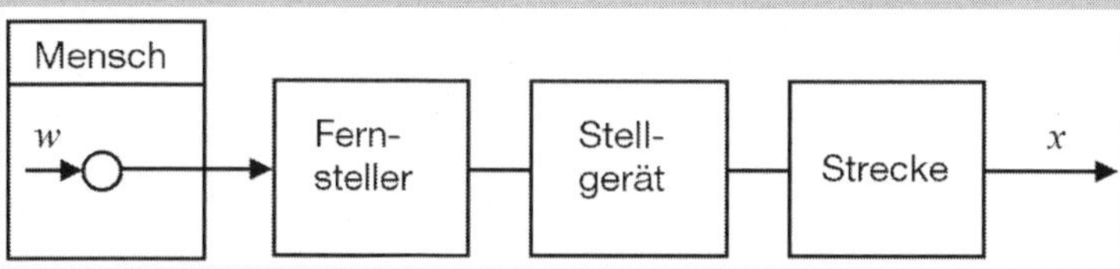

Abb. 17: Blockschaltbild der Handsteuerung

Beispiel 8

Blockschaltbild einer Regelung (siehe Abschnitt 2.1.2)

Beim geschlossenen Wirkungsablauf der Regelung (Abb. 18) wird die zu regelnde Größe x erfasst und auf den Regler – hier einen Menschen – zurückgeführt. Dort wird verglichen, ob diese Größe den gewünschten Wert der Führungsgröße w hat. Unterscheiden sich x und w, so wird der Fernsteller so lange verändert, bis beide Größen einander entsprechen.

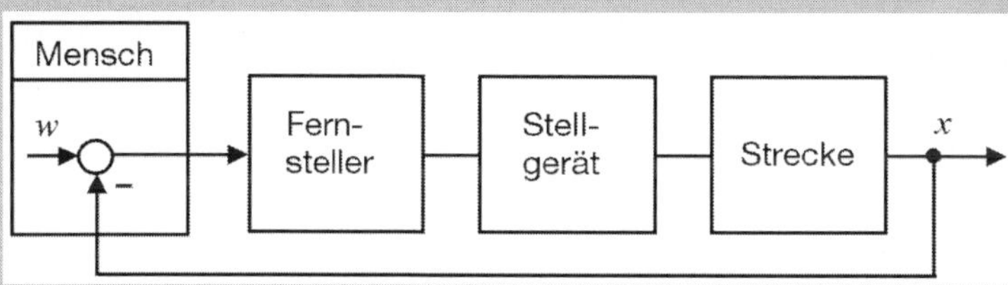

Abb. 18: Blockschaltbild der Handregelung

3.1.2 Umformen von Blockschaltbildern

Bei einer Blockdiagramm-Darstellung lassen sich die einzelnen Blöcke innerhalb der Gesamtstruktur ohne oder mit einer Verschiebung von Blöcken in ihrer Wirkung zusammenfassen. Dabei ist darauf zu achten, dass die algebraischen Zusammenhänge nicht verändert werden. Es werden einige grundsätzliche Zusammenfassungen und Blockverschiebungen (das Zusammenwirken von Teilsystemen) betrachtet. Es erfolgt hier eine Beschränkung auf Proportionalglieder, die Funktion jedes Blockes ist also eine Verstärkung (skalare Multiplikation des Eingangssignals mit einem Faktor). Im allgemeinen Fall wird die Funktion eines Blockes durch eine komplexe Übertragungsfunktion $\underline{H}(s)$ mit $s = j\omega$ beschrieben, und die Eingangs- und Ausgangssignale sind komplexe Größen.

Reihenschaltung

V_1, V_2 sind Verstärkungsfaktoren

$$V_1 = \frac{u_2(t)}{u_1(t)}; V_2 = \frac{v_2(t)}{v_1(t)} = \frac{v_2(t)}{u_2(t)};$$

$$V_{ges} = \frac{v_2(t)}{u_1(t)} = \frac{v_2(t) \cdot v_1(t)}{u_1(t) \cdot v_1(t)} = \frac{v_2(t) \cdot v_1(t)}{u_1(t) \cdot u_2(t)} = \frac{v_1(t)}{u_1(t)} \cdot \frac{v_2(t)}{u_2(t)} = V_1 \cdot V_2$$

$$V_{ges} = V_1 \cdot V_2 \cdot \ldots \cdot V_n \qquad v_2(t) = V_{ges} \cdot u_1(t)$$

allgemein:

$$\underline{H}_{ges} = \underline{H}_1(s) \cdot \underline{H}_2(s) \cdot \ldots \cdot \underline{H}_n(s) \qquad \underline{V}_2 = \underline{H}_{ges}(s) \cdot \underline{U}_1$$

Parallelschaltung

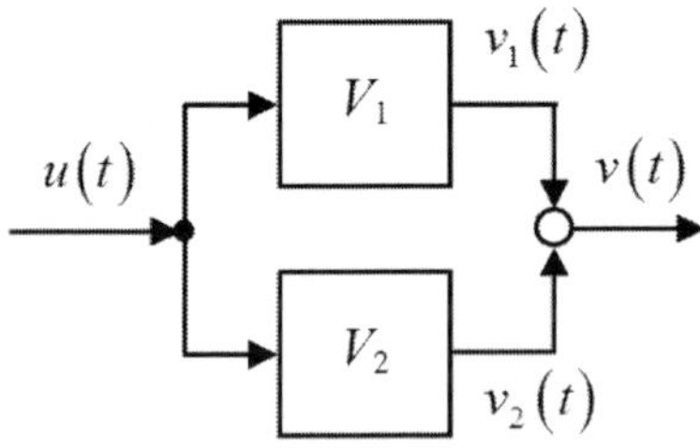

$$V_1 = \frac{v_1(t)}{u(t)};\ V_2 = \frac{v_2(t)}{u(t)};\ v(t) = v_1(t) + v_2(t);$$

$$V_{ges} = \frac{v(t)}{u(t)} = \frac{v_1(t) + v_2(t)}{u(t)} = \frac{v_1(t)}{u(t)} + \frac{v_2(t)}{u(t)} = V_1 + V_2$$

$$\boxed{V_{ges} = V_1 + V_2 + \ldots + V_n} \quad \boxed{v(t) = V_{ges} \cdot u(t)}$$

Rückkopplung

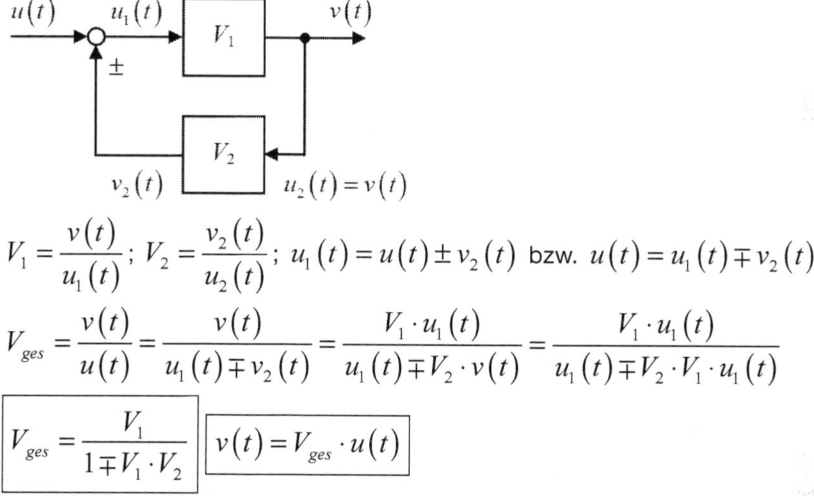

$$V_1 = \frac{v(t)}{u_1(t)};\ V_2 = \frac{v_2(t)}{u_2(t)};\ u_1(t) = u(t) \pm v_2(t) \text{ bzw. } u(t) = u_1(t) \mp v_2(t)$$

$$V_{ges} = \frac{v(t)}{u(t)} = \frac{v(t)}{u_1(t) \mp v_2(t)} = \frac{V_1 \cdot u_1(t)}{u_1(t) \mp V_2 \cdot v(t)} = \frac{V_1 \cdot u_1(t)}{u_1(t) \mp V_2 \cdot V_1 \cdot u_1(t)}$$

$$\boxed{V_{ges} = \frac{V_1}{1 \mp V_1 \cdot V_2}} \quad \boxed{v(t) = V_{ges} \cdot u(t)}$$

Verlegen eines Blocks hinter eine Additionsstelle

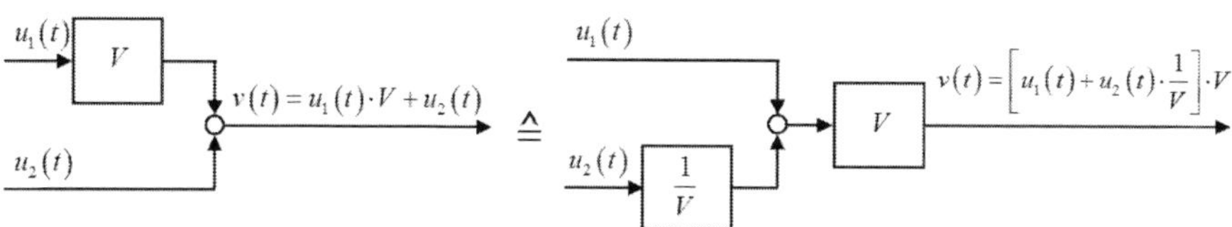

Verlegen eines Blocks vor eine Additionsstelle

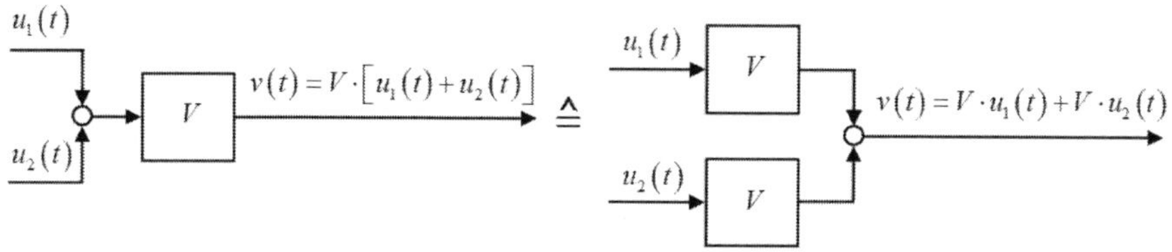

Verlegen eines Blocks hinter eine Verzweigungsstelle

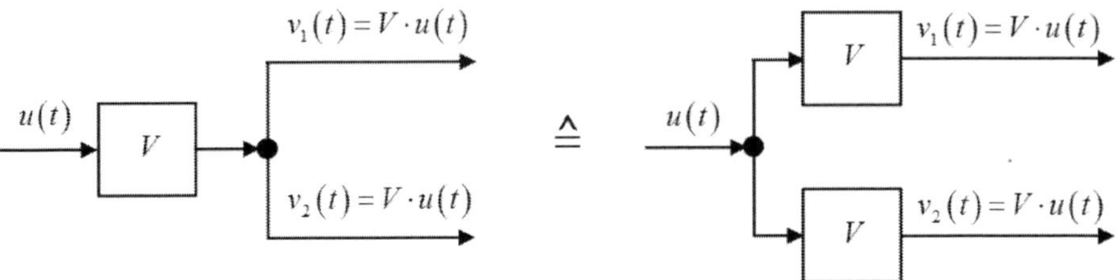

Verlegen eines Blocks vor eine Verzweigungsstelle

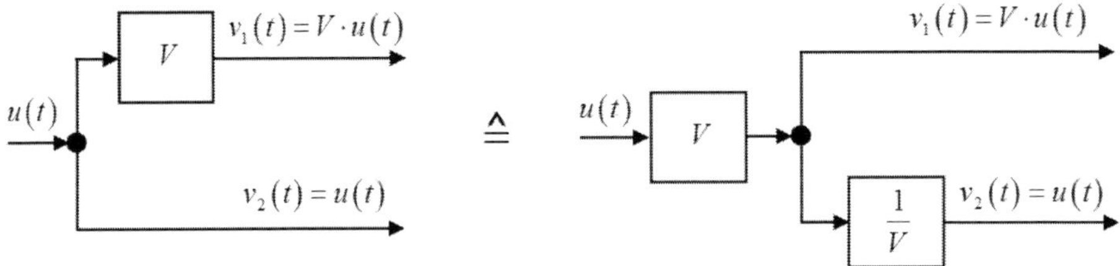

3.2 Grafische Symbole für lösungsbezogene Darstellungen

Soll die technische Umsetzung hervorgehoben werden, verwendet man für den Wirkungsplan am besten grafische Symbole. Da diese Darstellung die detailreiche, gerätetechnische Lösung einer Aufgabe in der Prozessleittechnik (PLT) wiedergibt, spricht man von einer **lösungsbezogenen Darstellung**. Bei der Planung, Montage, Prüfung, Inbetriebnahme und Wartung von PLT-Anlagen sind solche grafischen Darstellungen ein wichtiger Bestandteil der Unterlagen (Dokumentation). Es folgt eine Auswahl einiger Symbole.

Jedem Gerät ist ein (meist genormtes) grafisches Symbol zugeordnet. Apparaturen, die aus verschiedenen Teilgeräten bestehen, werden häufig durch mehrere aneinander gefügte Symbole dargestellt.

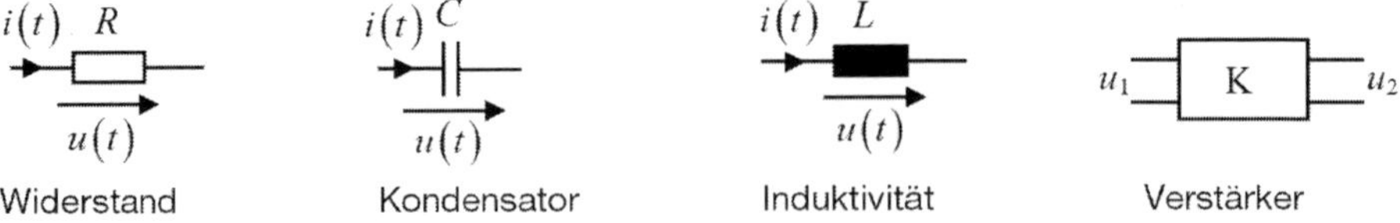

Gleichstrom-
generator

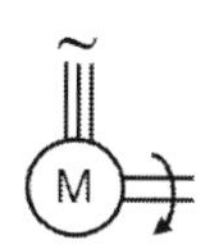

Elektromotor

Drehstromgenerator

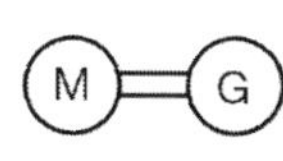

Motorgenerator

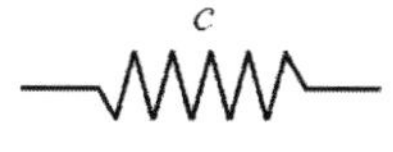

Feder

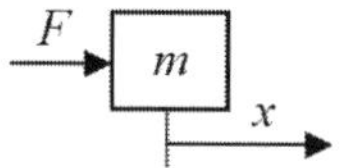

Masse

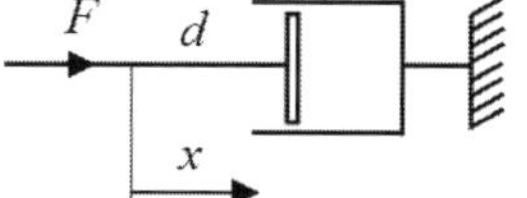

Dämpfer

Thermometer

Manometer

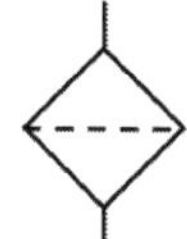

Filter

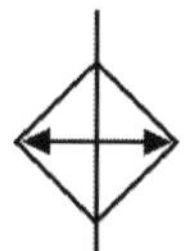

Kühler

Drossel

einstellbare Drossel

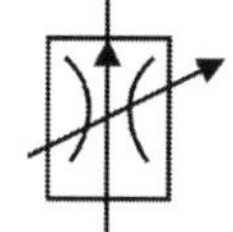

2-Wege Strom-
regelventil

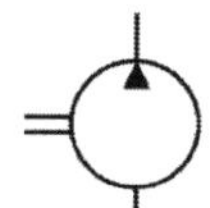

Konstantpumpe

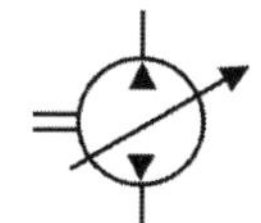

Verstellpumpe

Druckspeicher

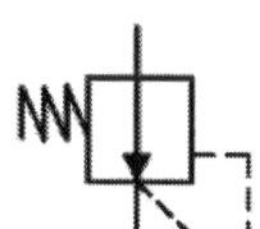

Druckminderventil

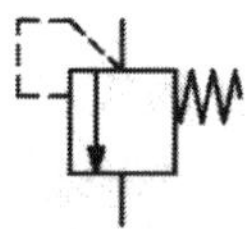

Druckbegren-
zungsventil

Rückschlag-
ventil

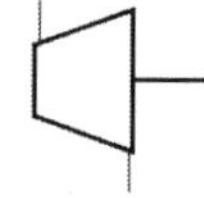

Turbine

Flüssigkeitspumpe

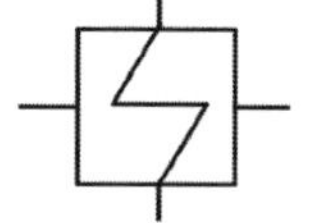

Wärmetauscher

Druckmessung

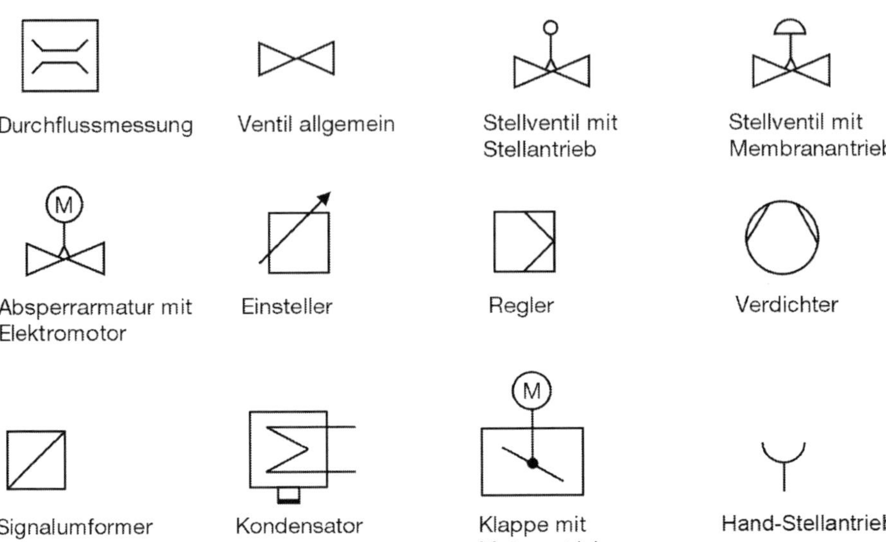

Beispiel 9

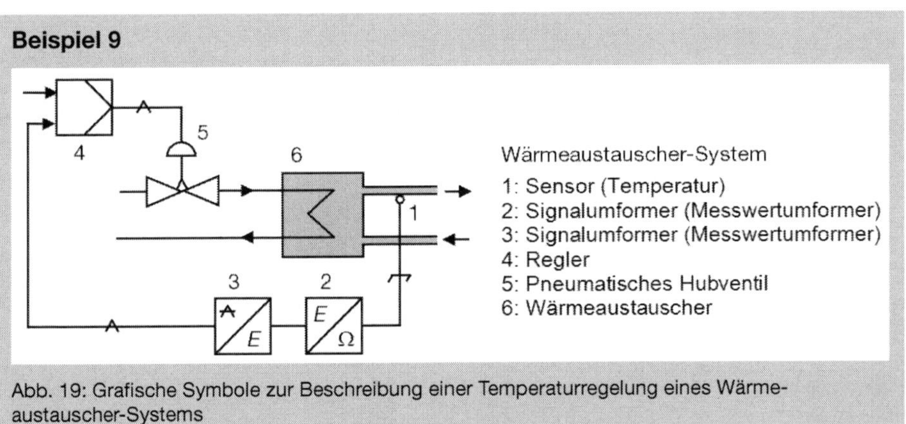

Abb. 19: Grafische Symbole zur Beschreibung einer Temperaturregelung eines Wärmeaustauscher-Systems

4 Regelungsverfahren und -strukturen

An eine Regelung werden nachfolgende Grundanforderungen gestellt.

- Stabilität: Die Regelgröße x führt keine Dauerschwingung aus und bleibt in ihrem Wert beschränkt.
- Führungsverhalten: Die Regelgröße x muss der Führungsgröße w „gut“ folgen, die bleibende Regeldifferenz e sollte möglichst klein sein, ideal ist zu jedem Zeitpunkt $x = w$.
- Störverhalten: Das Führungsverhalten und die Regelgröße x sind durch Störgrößen z „möglichst wenig“ beeinflussbar.
- Robustheit/Empfindlichkeit: Parameteränderungen der Regelstrecke sollen „möglichst geringe“ Auswirkungen auf das Verhalten des Regelkreises haben.

4.1 Arten von Regelungen

Je nachdem wie die einzelnen Größen des Regelkreises übertragen werden, unterscheidet man folgende Grundarten von Regelungen:

- Hydraulische Regelung
  Für die Übertragung großer Kräfte, z. B. bei Kfz, Flugzeug, Baumaschine.
- Pneumatische Regelung
  Auch bei Explosionsgefahr einsetzbar, aber Aufwand für Drucklufterzeugung groß, dynamisch träge.
- Mechanische Regelung
  Robust, kaum temperaturempfindlich, keine Hilfsenergie nötig, aber abhängig von räumlicher Position und anfällig gegen Verschleiß.
- Elektrische Regelung
  Meist problemlose Energieversorgung, Miniaturisierung möglich, arbeiten sehr schnell, analoge und digitale Regelungen sind möglich.

Für alle Typen gibt es diverse Anwendungen. Die oben beschriebene Wasserstandsregelung für Toilettenspülkästen (Beispiel 3) ist ein typisches Beispiel für eine mechanische Regelung. Erwähnenswert ist, dass diese Regelung ihre gesamte Energie direkt aus der Regelstrecke bezieht (hier aus dem Wasserdruck der Leitung), also keine eigene Energieversorgung benötigt. Diese Möglichkeit besteht nur bei mechanischen Regelungen und stellt einen ihrer wesentlichen Vorteile dar.

Weitere Beispiele für Regelungen sind: Temperaturregelung, Drehzahlregelung, Druckregelung, Kursregelung, Antennen(nachlauf)regelung, Positions(lage)regelung, Mischungsregelung, Flugbahnregelung.

Die **Reglerstruktur** ist gegeben durch die Art und durch die Wirkungsweise des Stellgliedes auf die Regelstrecke und durch die Anordnung der Istwertmessung. Mit Reglerstruktur ist häufig die Art des Regelverhaltens (z. B. PID-Regler) gemeint, aber auch die Art der Zusammenschaltung mehrerer Übertragungsglieder.

Beispiel 10

Reglerstruktur: 2-Punkt-Regler, 3-Punkt-Regler, stetiger Regler, Kaskadenregler, Mehrzonen-Regler

Regelverhalten: Die Art, wie der Regler aus den ihm zufließenden Informationen (hauptsächlich Soll- und Istwert), das Stellglied ansteuert. Beispiele: Ein/Aus-Regler, PID-Regler, selbstanpassende Regler.

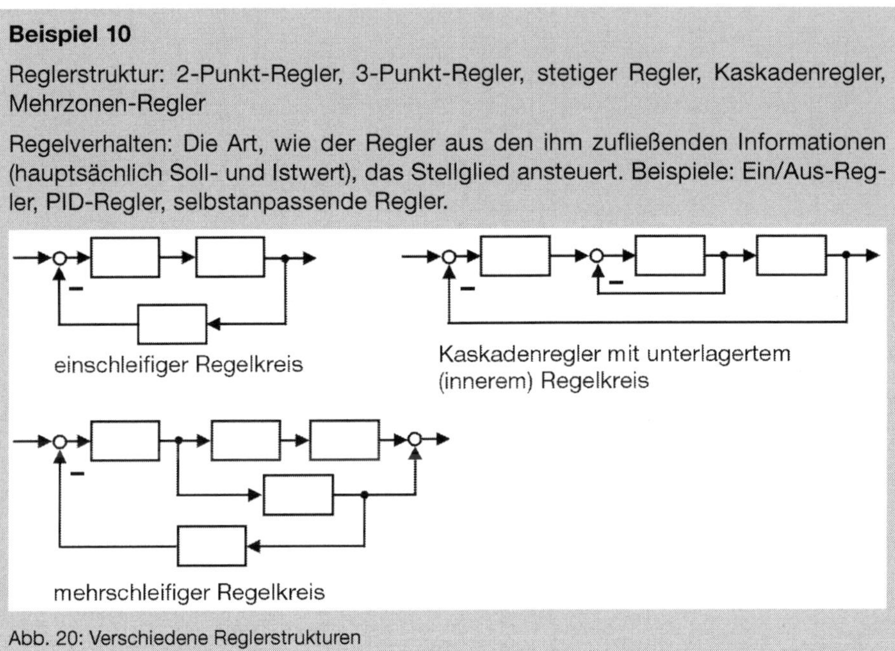

Abb. 20: Verschiedene Reglerstrukturen

Regelungen können in Kategorien eingeteilt werden. Dabei schließen sich die Kategorien nicht gegenseitig aus, d. h. eine Füllstandsregelung kann als Festwertregelung mit PI-Algorithmus und als einschleifige digitale Regelung realisiert sein.

Einteilung von Regelungen	
Bezeichnung nach Art der *Regelgröße*	
Temperaturregelung Druckregelung Durchflussregelung Füllstandsregelung	Bezeichnet die zu regelnde Prozessgröße.
Bezeichnung nach Art der *Regelaufgabe*	
Grenzwertregelung	Grenzwert einer Prozessgröße ist einzuhalten.

Verhältnisregelung	Der Sollwert einer Prozessgröße hängt vom Verhältnis zu einer zweiten Prozessgröße ab, z. B. Regelung der Luftzufuhr als Funktion der Gasmenge, damit das Mengenverhältnis konstant ist.
Folgeregelung	Prozessgröße wird einer zeitlich veränderlichen Führungsgröße nachgeregelt, z. B. einem Temperaturprofil.
Festwertregelung	Die Führungsgröße wird auf einem festen Wert gehalten, der Regler hat in erster Linie die Aufgabe, Störgrößen auszuregeln.
Bezeichnung nach Art des *Regelalgorithmus*	
P-, I-, PI-, PID-Regelung	Bezeichnet das Übertragungsverhalten des Reglers.
Adaptive Regelung	Reglereinstellwerte werden nachgeführt, falls sich die Parameter der Regelstrecke verändern, z. B. eine el. Maschine hat anderen Innenwiderstand je nach Erwärmung.
Fuzzy-Regelung	Regler, der an seinen Ausgängen Signale einstellt, die aus Wenn-Dann-Bedingungen folgen.
Bezeichnung nach Art der *Regelungsstruktur*	
Einschleifige Regelung	Regelkreis besteht aus einer unverzweigten Schleife.
Vermaschte Regelung	Zusätzlich zum einschleifigen Kreis treten Vermaschungen auf, z. B. Kaskadenregelung, Störgrößenaufschaltung etc.
Mehrgrößenregelung	Simultane Regelung mehrerer Prozessgrößen, die in verschiedener Weise verkoppelt sein können.
Bezeichnung nach Art der *Reglerein- und -ausgangsgrößen*	
Analoge Regelung – stetige Regelung – unstetige Regelung	Die Reglerein-/-ausgangsgrößen sind analoge Signale. Das Stellsignal y (Stellgröße) kann innerhalb eines Wertebereiches jeden beliebigen Wert annehmen. Das Stellsignal kann nur bestimmte Werte annehmen, wie z. B. beim Zweipunktregler.
Digitale Regelung	Die Reglerein-/-ausgangsgrößen sind digitale Signale.

4.2 Auslegung auf Führungs- oder Störungsverhalten

In der Praxis kommen ganz unterschiedliche Regelungsstrukturen zum Einsatz. Diese unterscheiden sich vor allem in der Art und Weise, wie für einen betrachteten Regelkreis die Führungsgröße w erzeugt wird. Dies beeinflusst auch die Reglereinstellung, denn es ist regelungstechnisch ein Unterschied, ob sich in erster Linie die Führungsgröße des Regelkreises ändert, oder ob vor allem Störgrößen auszuregeln sind.

Das Führungsverhalten beschreibt das Verhalten des Regelkreises bzw. der Regelgröße in Bezug auf die Führungsgröße. Das **Führungsverhalten** wird danach beurteilt, wie schnell und exakt die Regelgröße einen neu vorgegebenen Sollwert erreicht.

Das Störungsverhalten beschreibt das Verhalten des Regelkreises bzw. der Regelgröße in Bezug auf eine Störgröße an einer bestimmten Stelle im Regelkreis. Ein gutes **Störverhalten** ist dadurch gekennzeichnet, dass der Regler beim Auftreten einer Störung den ursprünglichen Gleichgewichtszustand sehr schnell wiederherstellt.

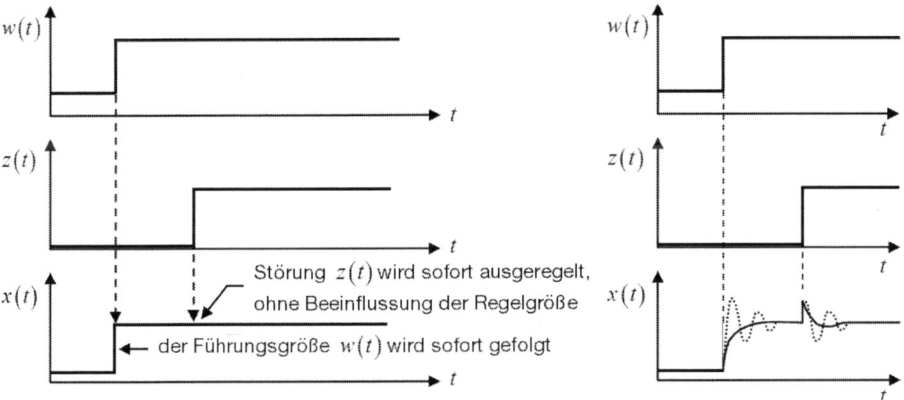

Abb. 21: Ideales Führungs- und Störungsverhalten eines Regelkreises (links) und mögliches reales Verhalten (rechts)

Da die Übertragungsglieder des Regelkreises, besonders die Regelstrecke, kein verzögerungsfreies Übertragungsverhalten haben, kann ein ideales Führungs- und Störverhalten nicht realisiert werden. Beim realen Regelkreis weicht die Regelgröße vom theoretisch optimalen Verlauf ab, wenn das System durch eine Stör- oder Führungsgrößenänderung von einem in einen anderen Zustand übergeht. Je nach Auswahl der Rechenfunktionen (bzw. genauer gesagt der Übertragungsfunktion) des Reglers ergibt sich ein mehr oder weniger stark schwingender oder aperiodischer Verlauf der Regelgröße. Welcher **Einschwingvorgang** als optimal betrachtet wird, hängt von der realen Problemstellung ab. Außerdem stellt nicht jede Regelkreiskonfiguration sicher, dass der stationäre Endwert der Regelgröße genau den Wert der Führungsgröße annimmt. Ein solcher statisch ungenau arbeitender Regelkreis besitzt dann eine **bleibende Regelabweichung**.

4.3 Festwertregelung

Bei der Festwertregelung (Störgrößenregelung) besitzt die **Führungsgröße** w einen **konstanten Wert**. Die Regelung soll dafür sorgen, dass die Regelgröße diesen vorgegebenen festen Sollwert einhält, ohne dass auf den Prozess einwirkende Störungen von nennenswertem Einfluss sind. Festwertregler haben also die Aufgabe, Störungen auszuregeln, und werden deshalb auf ein **gutes Störverhalten** ausgelegt. Die Regelgröße soll bei Störungen innerhalb eines möglichst schmalen (vorgegebenen) Toleranzbandes bleiben. Zur Festwertregelung werden auch Fälle gerechnet, bei denen sich die Führungsgröße nur gelegentlich oder sehr langsam ändert und dann wieder für längere Zeit konstant bleibt. Bei der Festwertregelung ändert sich w nur in zeitlichen Abständen, die deutlich größer sind als der Einschwingvorgang.

Die Temperaturregelung nach Abb. 19 dient als Beispiel für eine Festwertregelung. Die Temperatur des aus dem Speicher fließenden Mediums soll durch die Regelung des Heizkreises konstant gehalten werden. Ein gutes Regelergebnis ist nur dann erreichbar, wenn im Heizkreis keine stärkeren, durch Störungen verursachte Druckschwankungen auftreten.

4.4 Folgeregelung

Im Gegensatz zur Festwertregelung ist bei der Folgeregelung (Führungsregelung oder Vorgaberegelung) die **Führungsgröße** w nicht konstant, sondern **ändert sich mit der Zeit** (evtl. abhängig vom Prozesszustand). Meistens wird sie vom Anlagenbetreiber oder von externen Geräten vorgegeben. Die Aufgabe der Regelung besteht darin, den Verlauf der Regelgröße möglichst genau dem Verlauf der Führungsgröße anzugleichen. Eine schnell veränderliche Führungsgröße erfordert einen Regelkreis mit **gutem Führungsverhalten**. Die Regelgröße soll sich mit genügender Dämpfung (kleines Überschwingen) schnell und genau auf einen stationären Endwert einstellen. Sind zusätzlich größere Störungen auszuregeln, muss auch das Störübertragungsverhalten bei der Reglerauslegung berücksichtigt werden.

4.5 Regelung mit Hilfsregelgrößen-Aufschaltung

Die Störgröße ist häufig nicht lokalisierbar oder messbar, die Voraussetzung zur Anwendbarkeit der Störgrößenaufschaltung (siehe 4.8) ist somit nicht gegeben. Besonders bei Strecken mit großen Tot- bzw. Verzugszeiten kann dann eine Regelung mit Hilfsregelgrößen-Aufschaltung eingesetzt werden, da hier der Regler mit Störgrößenaufschaltung frühzeitig eingreifen kann (im Gegensatz zu einem einfachen Regler). Um schnell auf eintretende Störungen reagieren zu können, muss die *Auswirkung* der Störung auf die Regelstrecke möglichst nahe dem Störeingriffspunkt gemessen werden. Diese Messung erfolgt zusätzlich zur Regelgröße x, die Größe wird als Hilfsregelgröße x_H bezeichnet. Sie hat eine kleinere zeitliche Verzögerung als die Regelgröße x der Regelstrecke und wird entsprechend umgeformt auf den Reglereingang geschaltet. Dadurch werden die Störungen am Eingang der Regelstrecke (z. B. Versorgungsstörungen) dem Regler schnell gemeldet.

Das Aufschaltglied (Kompensationsglied) wird je nach Regler als P- oder DT_1-Glied ausgeführt. Eine proportionale Störgrößenaufschaltung (P-Aufschaltung) wird bei Reglern ohne I-Anteil, eine Störtendenzaufschaltung (DT1-Aufschaltung) wird bei Reglern mit I-Anteil angewandt.

Um im ausgeregelten Zustand die Regelgröße nicht zu verfälschen, wird die Aufschaltung von x_H meist zeitlich nachgebend mit einem DT_1-Glied ausgeführt, d. h. sie verschwindet für $t \longrightarrow \infty$.

Bei dieser Schaltung sind 2 Regelkreise, jeder mit einem vollständigen Signalumlauf, miteinander verkoppelt. Zu beachten ist, dass evtl. bei zu starker Aufschaltung der Hilfsregelgröße und ungünstiger Reglereinstellung der Regelkreis instabil werden kann.

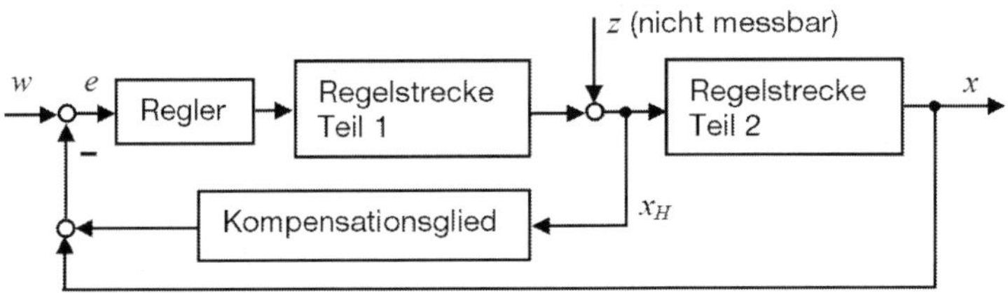

Abb. 22: Hilfsregelgrößenaufschaltung

4.6 Kaskadenregelung

Die Kaskadenregelung ist ein wichtiger Spezialfall der Regelung mit Hilfsregelgröße. Sie wird dann angewandt, wenn die Hauptstörung nahe eines Streckeneingangs liegt und nicht kontinuierlich messbar ist. Dabei werden Störungen, die nahe am Streckeneingang liegen zum Teil schon im inneren (unterlagerten) Kreis kompensiert. In der Kaskadenregelung können mehr Regelgrößen (Hilfsregelgrößen) zurückgeführt werden als im einschleifigen Regelkreis. Dies ermöglicht eine vollständigere Beschreibung des Zustandes und damit eine Verbesserung des dynamischen Verhaltens des Gesamtsystems.

Die Kaskadenregelung ist eine vor allem in verfahrenstechnischen Anlagen häufig verwendete Regelschaltung zur Verbesserung des Störverhaltens. Eine Kaskadenregelung erfordert mindestens zwei Regler, den überlagerten (äußeren) **Führungs**- und den unterlagerten (inneren) **Folgeregler**. Charakteristisches Merkmal ist, dass die **Ausgangsgröße** des **Führungsreglers** die **Führungsgröße** des **Folgereglers** ist.

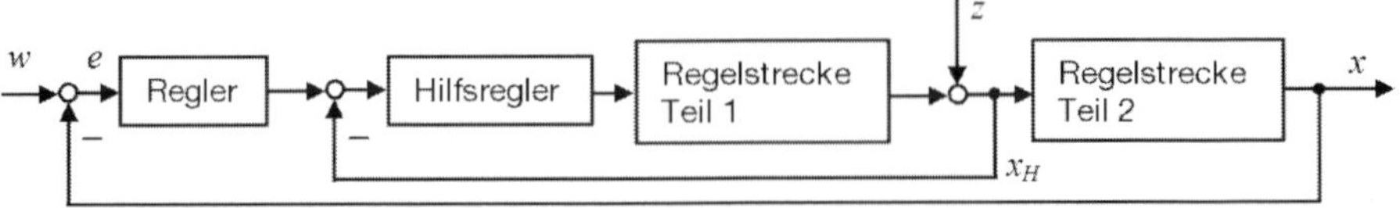

Abb. 23: Einfache Kaskadenregelung

Wie in Abb. 23 gezeigt, wird die Hilfsregelgröße x_H auf einen Hilfsregler gegeben, der seine Führungsgröße von dem Hauptregler erhält. Der Hilfsregler und der Teil 1 der Regelstrecke bilden den Hilfsregelkreis. Dessen Hauptaufgabe besteht darin, die im vorderen Teil der Regelstrecke Teil 2 eingetretene Störung z von der geregelten Größe x fernzuhalten.

Mit einer Kaskadenregelung kann die Regelgüte erheblich erhöht werden. Dies betrifft besonders das dynamische Verhalten des Regelkreises, also den Regelgrößenverlauf bei Änderungen der Führungsgröße oder bei Störeinflüssen. Regelstrecken mit einem Verhältnis $T_g / T_u < 2...3$ (T_g = Ausgleichszeit, T_u= Verzugszeit) lassen sich mit einer einfachen Regelung nur sehr schwer regeln, da wegen der verhältnismäßig langen Verzugszeit der Regler erst sehr spät Kenntnis davon bekommt, wie er eingreifen muss. Man versucht daher, den Regelkreis in mehrere (meist zwei) Teilkreise zu zerlegen, die einzeln geregelt werden. Da diese Teilkreise nur einen Bruchteil der Gesamtverzugszeit besitzen, ist ihre Regelung erheblich einfacher. Man spricht in diesem Zusammenhang auch von *mehrschleifigen* oder *vermaschten* Regelungen.

Bei folgenden Regelstrecken zeichnet sich die Kaskadenregelung als mehrschleifiger Regelkreis durch ein besseres Regelverhalten gegenüber dem einfachen Regelkreis aus:

- Komplizierte Regelstrecken, Regelstrecken höherer Ordnung,
- Nichtlineare Regelstrecken, wobei der Folgeregler versucht, die Nichtlinearität der Regelstrecke auszugleichen,
- Strecken mit nicht messbaren Störungen.

Die Kaskadenregelung ist dadurch gekennzeichnet, dass eine Strecke mit einem Stelleingriff in Teilstrecken (in eine Reihenschaltung von dynamischen Blöcken) unterteilt wird. Voraussetzung für die Anwendbarkeit der Kaskadenregelung ist also die Zerlegbarkeit des zu regelnden Prozesses in mehrere Teilstrecken. Die Ausgangsgrößen der Teilstrecken (Hilfsregelgrößen) werden durch Sensoren gemessen und jeweils einem Regler zugeführt. Nur die Stellgröße des innersten Reglers ist am Stelleingriff der innersten Teilstrecke angeschlossen. Die Stellgrößen der äußeren Regler bilden die Führungsgrößen der nächst inneren Regelkreise. Der innerste Regelkreis hat den Abgriff hinter der ersten Teilstrecke als Regelgröße, der nächst äußere hinter der zweiten, usw. Dieser Aufbau wird nach außen fortgesetzt, bis der äußerste Kreis die Regelung des Streckenausgangs übernimmt.

Eine Kaskadenregelung ist in der Praxis einfacher zu dimensionieren als eine einschleifige Regelung, das dynamische Verhalten des Regelkreises verbessert sich wesentlich. Vorteile einer Kaskadenregelung ergeben sich einerseits durch die Aufteilung der Strecke in Teilstrecken, wenn wesentliche Störgrößen innerhalb der Strecke angreifen und Messgeber an diesen Orten die Störungen erfassen können. Andererseits wird durch die Messung der Zwischengrößen die Regelung unempfindlicher gegen Parametervariationen der Strecke, da sie nur geringe Änderungen der Dämpfung der inneren Kreise verursachen.

Bei einer Kaskadenregelung wird die Regelung immer schrittweise von innen nach außen in Betrieb gesetzt. Auch die Optimierung erfolgt auf diese Weise. Bei einer Kaskadenregelung sind die einzelnen Regler wesentlich leichter einzustellen als der Regler bei einem einschleifigen Regelkreis. Bei einem Kaskadenregler wird zuerst der Folgeregelkreis optimiert und anschließend der Führungsregelkreis. Man schaltet den Führungsregler in den Handbetrieb und optimiert den Folgeregler, dann wird der Führungsregler optimiert, der Folgeregler bleibt hierzu im Automatikbetrieb.

Da der Hilfsregler die Aufgabe hat, die Hilfsregelgröße recht zügig proportional zum Stellgrad des Führungsreglers zu verändern, wird für den Hilfsregler meist ein P- oder PD-, manchmal auch ein PI-Regler eingesetzt. Als Führungsregler (auf Führungsverhalten ausgelegt) finden meist PI- oder PID-Regler Anwendung.

Für eine Kaskadenregelung ist es wichtig, dass der innere Regelkreis mindestens 2- bis 3-mal schneller als der äußere ist, da der gesamte Regelkreis ansonsten zu Schwingungen neigt.

Eine klassische Anwendung der Kaskadenregelung ist die Strom- und Drehzahlregelung bei Motoren. Das Prinzip der Kaskadenregelung wird auch für die Realisierung von Bahnsteuerungen bei Werkzeugmaschinen oder Industrierobotern angewendet.

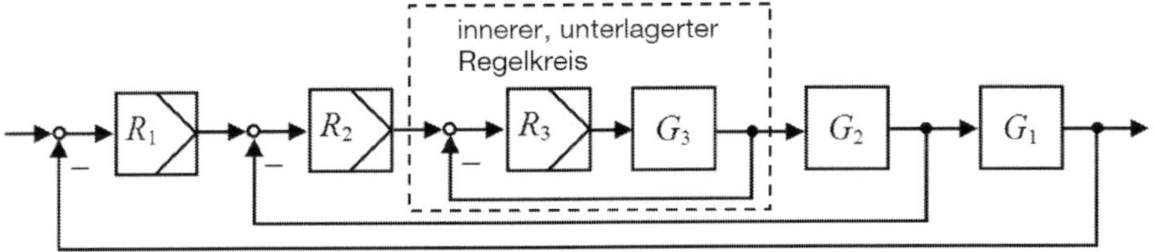

Abb. 24: Struktur einer Kaskadenregelung mit drei Teilstrecken

Beispiel 11

Durch die Kaskadenregelung liefert die Temperaturregelung des Wärmeaustauschers im Beispiel in Abb. 25 auch dann gute Ergebnisse, wenn am Heizkreis mehrere Verbraucher angeschlossen sind (vergl. auch Beispiel 9). Die entstehenden Druck- bzw. Durchflussschwankungen berücksichtigt der dem Temperaturregler unterlagerte Durchflussregelkreis (w_2, x_2). In unserem Beispiel sollte beim äußeren (*Führungs-*)Regelkreis (w_1, x_1) die Reglerauslegung vom *Störverhalten* bestimmt werden, der innere, unterlagerte (*Folge-*)Regelkreis sollte ein gutes *Führungsverhalten* aufweisen.

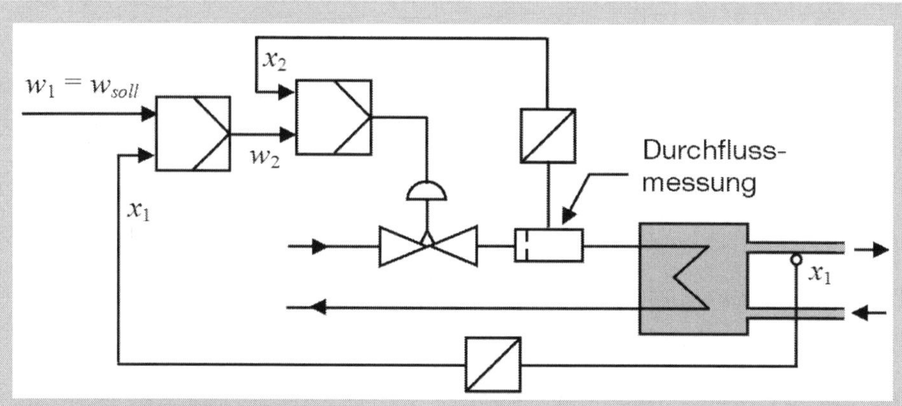

Abb. 25: Temperaturregelung mittels einer Kaskadenregelung, der Durchfluss wird mit dem Differenzdruckverfahren gemessen

Beispiel 12

Bei einer Heizungsanlage kann die Heizleistung den Kessel sehr schnell aufheizen, während sich die Raumtemperatur durch das Verzögerungsverhalten erst nach längerer Zeit verändert. Wird ein einzelner Regler zur Regelung der Raumtemperatur verwendet und dient die Heizleistung des Kessels als Stellgröße, so besteht die Gefahr, dass der Kessel bei schnellen Sollwertänderungen (z. B. beim Anfahren) die Siedetemperatur erreicht, bevor der Regler auf das Ansteigen der Raumtemperatur reagiert und die Stellgröße reduziert.

Die Kesseltemperatur wird deshalb mit einem Sensor überwacht und bei gefährlichen Werten die Heizleistung reduziert. Für diese Aufgabe kann ein zusätzlicher Regler verwendet werden, der die Kesseltemperatur regelt. Durch eine geeignet niedrig eingestellte Begrenzung des Sollwertes für die Kesseltemperatur kann sichergestellt werden, dass keine Überhitzung des Kessels eintritt. In diesem Beispiel liegt ein für eine Kaskadenregelung typisches Verhältnis der Zeitkonstanten vor. Der innere Regelkreis, Kesseltemperaturregler und Kessel, besitzt eine sehr viel kleinere Zeitkonstante als der äußere Regelkreis.

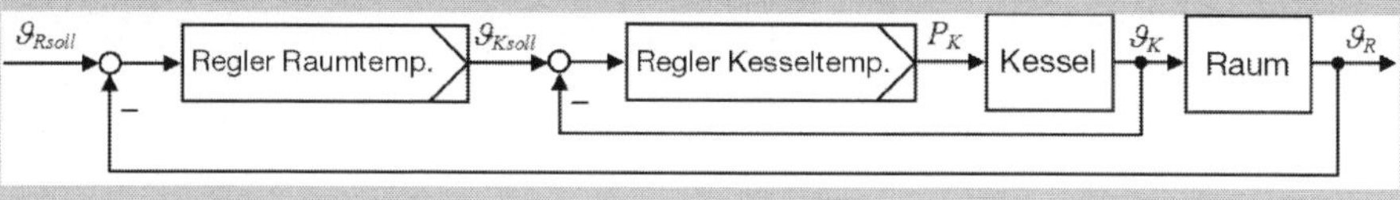

Abb. 26: Kaskadenregelung einer Heizungsanlage

4.7 Verhältnisregelung

Die Verhältnisregelung ist eine Sonderform der Folgeregelung. Sie dient dazu, das vorgegebene Verhältnis zweier Größen konstant zu halten (z. B. das Mischungsverhältnis zweier Stoffe). Der Sollwert des Verhältnisreglers ist das Mischungsverhältnis, welches fest vorgegeben sein kann, oder von einem Führungsregler vorgegeben wird.

Verhältnisregler werden für Brennersteuerungen (Regelung des Gas-/Luftmischungsverhältnisses), in der Analysentechnik (Mischung von Reaktionspartnern) und in der Verfahrenstechnik (Herstellung von Mischungen) verwendet. Diese **Regler** besitzen **zwei Istwerteingänge**. Das Verhältnis der beiden Eingangsgrößen ist die Regelgröße. Als Führungsgröße wird meist am Regler der geforderte Wert für das Verhältnis direkt eingestellt.

Hinsichtlich des Zeitverhaltens sind sämtliche Variationen wie beim Standardregler denkbar. Wegen der Art der Prozesse werden die Regler meist als stetige Regler oder Dreipunktschrittregler bzw. Stellungsregler mit PI- oder PID-Verhalten ausgeführt. Bei Mikroprozessor-Regelgeräten lassen sich Funktionen wie eine Verhältnisregelung meist direkt konfigurieren.

Beispiel 13

Bei dem in Abb. 27 dargestellten Mischer wird abhängig vom Volumenstrom q_1 eines Materials der Volumenstrom q_2 eines anderen Materials geregelt. Die Verhältnisregelung benötigt ein Rechenglied (V), dessen Eingangsgröße der gemessene Zustand der Prozessgröße 1 ist, und dessen Ausgangsgröße den Regler der Prozessgröße 2 führt.

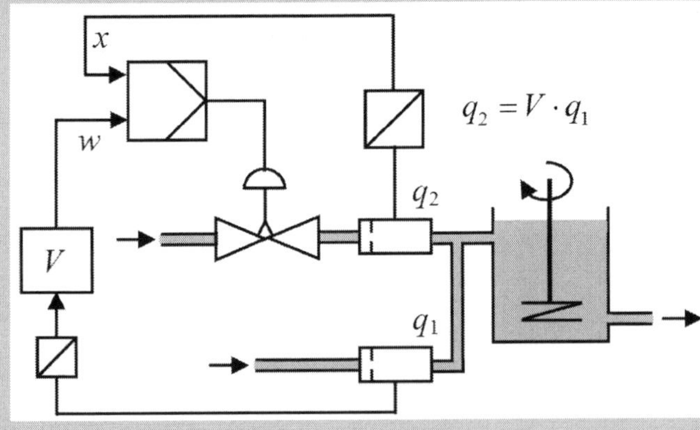

Abb. 27: Verhältnisregelung

4.8 Störgrößenaufschaltung

Diese Art der Regelungsstruktur wird angewandt, wenn die Hauptstörgröße nahe dem Streckeneingang auftritt und kontinuierlich mess- und verarbeitbar ist. Voraussetzung für eine Störgrößenaufschaltung ist die Messbarkeit der Störgröße. Dadurch erhält der Regler Informationen über eine aktuelle Störung nicht erst dann, wenn der Einfluss der Störung am Ausgang der Regelstrecke messbar ist, sondern der Regler wird schon eher über Größe und Art der Störung informiert. Diese Information wird genutzt, um eine Stellgröße zu berechnen, die den Einfluss der Störung kompensiert. Die Störgrößenaufschaltung ist also besonders bei Störungen am Anfang der Regelstrecke sinnvoll. Ein aus einer Messung der Störung direkt abgeleiteter Stelleingriff kann schneller auf die Regelgröße wirken, weil nicht erst der Durchgang des Störsignals durch die (i. a. träge) Strecke, die Messeinrichtung und den Regler zum Stellglied abgewartet werden muss.

Mit anderen Worten: Oft kann die Wirkung einer Störung in gewissen Grenzen vorausgesagt werden. Statt erst die Regelstrecke auf eine Störung reagieren und diese dann vom Regler ausregeln zu lassen, kann auch direkt auf die Störung reagiert werden. Die Störung kann durch Aufschaltung im Regelkreis dazu verwendet werden, die Störunterdrückung zu verbessern. Dieses Verfahren ist dort nützlich, wo Ursache und Wirkung einer Störung bekannt sind, und diese häufig und reproduzierbar auftritt. Durch eine sofortige Reaktion auf eine Störung, ohne das Zeitverhalten des Reglers und der Strecke mit einbeziehen zu müssen, kann die Störung schnell ausgeglichen werden.

Vorteile der Störgrößenaufschaltung:

- Der Regler wird entlastet, die Regelgüte verbessert.
- Die Schaltung ist einfach, die Arbeitsweise übersichtlich.
- Die Reglereinstellung kann wie üblich (ohne Störgrößenaufschaltung) vorgenommen werden.

Nachteile der Störgrößenaufschaltung:

- Nur die aufgeschaltete Störgröße wird erfasst.
- Alle anderen Störgrößen sind voll wirksam und müssen vom Regler allein ausgeregelt werden.

Beispiel 14

Ein Beispiel für eine voraussagbare Störung ist das Öffnen einer Ofentür, wenn dies zu einer Temperaturabsenkung von 30 K führt. An der Ofentür wird ein Schalter angebracht, welcher beim Öffnen die Stellgröße (z. B. die Heizleistung) um einige Prozent erhöht. Ein weiteres Beispiel für messbare Störungen ist die Außentemperatur bei Raumtemperatur-Regelungen. Sie wird in Heizungen zur Anpassung der Vorlauftemperatur eingesetzt.

Im Folgenden werden drei verschiedene Möglichkeiten der Störgrößenaufschaltung vorgestellt.

4.8.1 Konstanthalten der Störgröße

Der Einfluss der Störgröße auf die Regelgröße kann beseitigt werden, wenn die Störgröße durch einen getrennten Hilfsregelkreis konstant gehalten wird. Dieses Verfahren kann angewendet werden, wenn die Störgröße messtechnisch erfasst und auch konstant gehalten werden kann.

Der Regler gibt die Stellgröße y aus, dadurch wird die Regelgröße x auf den Sollwert w gebracht. Ohne das Konstanthalten der Störgröße müsste der Regler immer wieder seine Stellgröße verändern, um die Regelgröße auf den gleichen Sollwert einzustellen. Da der Hilfsregler die Störgröße auf einem konstanten Wert hält, beeinflusst die Störgröße die Regelgröße nicht mehr.

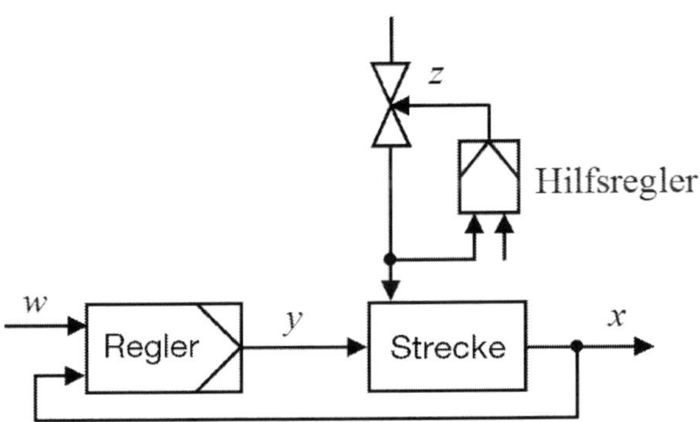

Abb. 28: Störgrößenaufschaltung mit Konstanthalten der Störgröße

4.8.2 Additive Störgrößenaufschaltung

Die Störgröße wird zweckmäßig umgeformt und gegensinnig (additiv oder subtraktiv) auf die Stellgröße aufgeschaltet, sodass sie der Auswirkung einer Störgrößenänderung auf die Regelgröße entgegenwirkt. Die Störgrößenaufschaltung entspricht hier einer dem Grundregelkreis überlagerten Steuerung mit dem Ziel, die Störung zu messen und ihre Auswirkungen auf die Regelgröße über ein Steuerglied soweit wie möglich zu kompensieren. Durch Kombination von Steuerung und Regelung, d. h. durch Einfügen einer Störgrößenaufschaltung in den Regelkreis lässt sich das Regelverhalten verbessern, in erster Linie beschleunigen.

Bei der additiven Störgrößenaufschaltung wird der Stellgrad des Reglers um einen Betrag erhöht, der proportional zur Störgröße ist. Diese Art der Störgrößenaufschaltung berücksichtigt Offsetverschiebungen in der Strecke. Regelgeräte, bei denen eine solche Störgrößenaufschaltung realisierbar ist, stellen meist einen Eingang für die Aufschaltung zur Verfügung. Ein zur Störgröße proportionales Signal beeinflusst die Stellgröße entsprechend einer Vorgabe. Das in Beispiel 14 genannte Öffnen einer Ofentür ist geeignet für eine additive Störgrößenaufschaltung. Mit dem Öffnen der Ofentür wird die Stellgröße um einen festen Betrag erhöht.

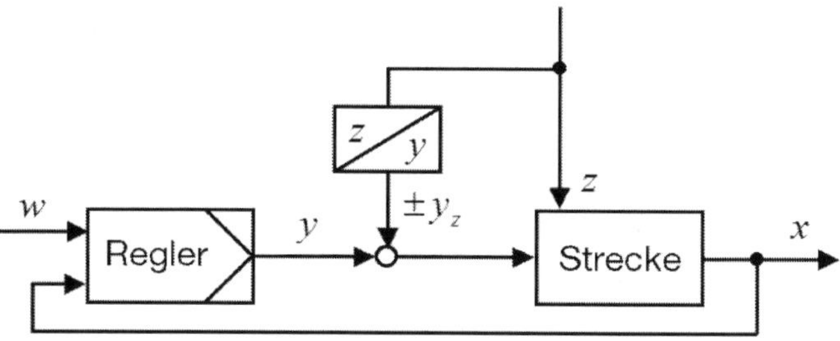

Abb. 29: Additive Störgrößenaufschaltung

4.8.3 Multiplikative Störgrößenaufschaltung

Auch bei diesem Verfahren ist dem Grundregelkreis eine Steuerung überlagert. Die multiplikative Störgrößenaufschaltung nimmt Einfluss auf die Reglerverstärkung K_P. Verändert die erfasste Störgröße ihren Wert, so wird das am Regler eingestellte K_P in gleichem Verhältnis im Bereich von $0...100\ \%$ verändert. Anwendung findet dieses Verfahren, wenn in einem Prozess der Stellgrad des Reglers in gleichem Maße wie eine auftretende Störgröße verändert werden muss.

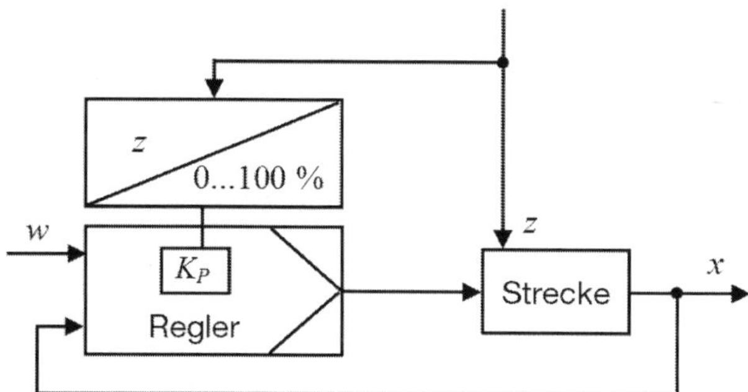

Abb. 30: Multiplikative Störgrößenaufschaltung

Beispiel 15

Niveauregelung eines Behälters

Die hauptsächliche Störgröße ist der durch einen Schieber veränderliche Abfluss $q_{ab} = z$. Die Störung wird mit einem Durchflussmesser erfasst und durch einen Messumformer in einen proportionalen Gleichstrom von $0...20\ \mathrm{mA}$ umgeformt. Dieser Gleichstrom wirkt zusammen mit dem Gleichstrom des Reglerausgangs auf den Eingang eines elektro-pneumatischen Summier-Umformers, dessen Ausgangsdruck das Zulaufventil *steuert*. Bei Änderungen der Abflussmenge wird der Zufluss sofort dem Abfluss nachgeführt.

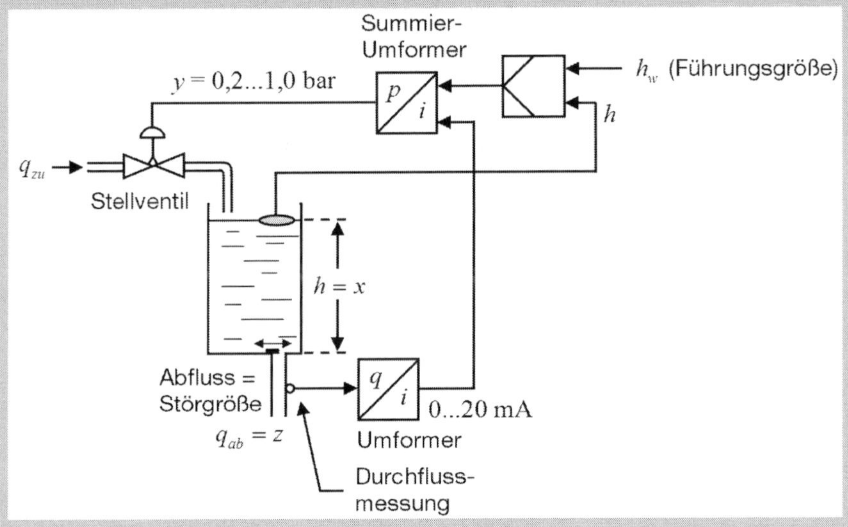

Abb. 31: Prinzipschema einer Füllstandsregelung mit Störgrößenaufschaltung

4.9 Grob-/Feinregelung

Soll von einem Massen- oder Energiestrom eine bestimmte Eigenschaft konstant gehalten werden, so kann man zwei Regelkreise in Reihe schalten. Der erste Regler ist der Grobregler, er bringt den Istwert in die Nähe des Sollwertes. Die vom Grobregler zurückgelassene Regelabweichung wird dann vom zweiten Regler, dem Feinregler ausgeregelt bzw. beseitigt.

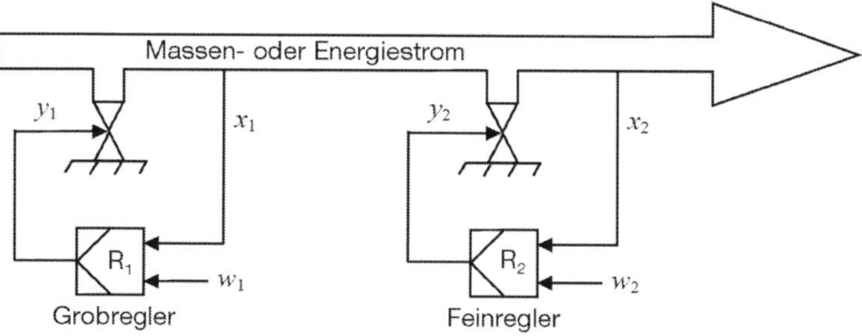

Abb. 32: Grob-/Feinregelung

Beispiel 16

Ein Beispiel für eine Grob-/Feinregelung wäre eine pH-Regelanlage zur Neutralisation industrieller Abwässer. Wegen der meist vorhandenen großen Schwankungen von Zufluss und Zusammensetzung ist es oft ratsam, zwei Regelkreise hintereinander zu schalten, um die Schwankung des pH-Wertes innerhalb der zulässigen Toleranzen zu halten.

4.10 Mehrkomponentenregelung

Bei einer Mehrkomponentenregelung wirken verschiedene prozessabhängige Größen als Istwert für den Regler und legen somit die Regelabweichung fest. Hierbei können die einzelnen Istwerte z. B. mit verschiedenen Bewertungsfaktoren versehen werden, damit sie unterschiedlich stark auf die Regelabweichung wirken, wobei man meist die Hauptregelgröße am stärksten bewertet. Bei einer Mehrkomponentenregelung muss der Regler eine entsprechende Anzahl von Eingängen besitzen und ggf. die Möglichkeit, die einzelnen Eingangssignale über bestimmte Berechnungen miteinander zu verknüpfen.

4.11 Regelung mit Hilfsstellgröße

Die Regelung mit Hilfsstellgröße wird dann angewandt, wenn die Hauptstörgröße nahe dem Strecken*ausgang* liegt, und ein zweites Stellglied näher am Streckenausgang eingebaut werden kann. Durch eine näher am Ausgang der Regelstrecke eingreifende Hilfsstellgröße können auftretende Regelabweichungen schneller ausgeregelt werden, als dies in Folge der Trägheiten der Strecke über die Stellgröße y möglich ist. Das zweite Stellglied wirkt dynamisch schneller auf x ein.

Diese Art der Regelung bringt Vorteile bei Störungen nahe dem Ausgang der Strecke (Regelstrecke 2) und bei Änderungen der Führungsgröße (Folgeregelungen) in denjenigen Fällen, in denen die Einführung einer Hilfsregelgröße wenig wirksam wäre. Liegen Störungen am Streckeneingang oder über die gesamte Strecke verteilt vor, sind mit diesem Verfahren ebenfalls beträchtliche Verbesserungen erzielbar. In diesen Fällen ist jedoch die Verwendung einer Hilfsregelgröße meist weniger aufwendig als der zusätzliche Einbau eines Stellgliedes. Aus technologischen oder ökonomischen Gründen wird gewöhnlich gefordert, dass die Hilfsstellgröße im stationären Zustand verschwindet. Anderenfalls könnte die Stellgröße y entfallen und y_H deren Funktion übernehmen.

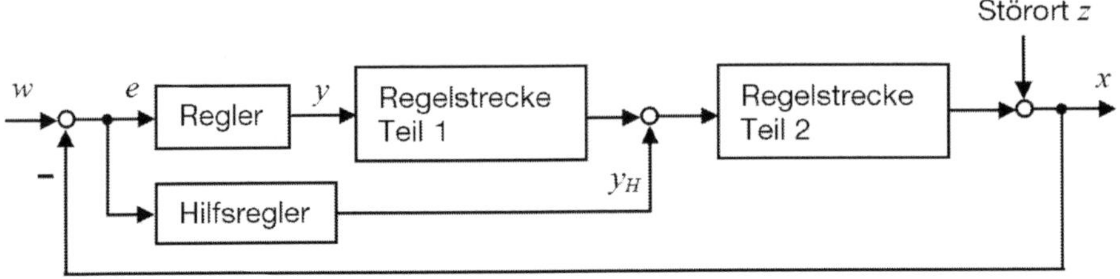

Abb. 33: Regelkreis mit Hilfsstellglied

4.12 Regelung mit Vorsteuerung (Vorwärtssteuerung)

Mit einer Störgrößenaufschaltung kann man die Ausregelung messbarer *Störungen* maßgeblich beschleunigen. Mit einer so genannten Vorsteuerung kann man dagegen das *Folgeverhalten* eines Regelkreises bei einer *Änderung der Führungsgröße* verbessern. Eine Vorsteuerung wird realisiert, indem von der Führungsgröße über eine geeignete Korrektureinrichtung die Stellgröße *direkt* beeinflusst wird. Bei einer Vorsteuerung wird also die Stellgröße mit einem Wert beaufschlagt, der unabhängig von den Zuständen der Regelstrecke und daraus resultierenden Messungen ist. Die Vorsteuerung ermöglicht die Berücksichtigung des Stellgrößen-Bedarfs, der aufgrund des Sollwertverlaufs erwartet wird.

Bei einer Vorsteuerung behandelt der Regler Störungen und Änderungen des Führungssignals getrennt voneinander. Der Eingriff in den Regelkreis erfolgt derart, dass die Führungsgröße über ein Proportional- oder ein Zeitglied zusätzlich direkt auf den Stelleingang der Strecke gegeben wird.

Da es sich (wie der Name sagt) um eine Steuerung handelt, kann die Vorsteuerung das Führungsverhalten verbessern ohne die Stabilität des Regelkreises zu beeinflussen oder zu gefährden. Auch das Störverhalten wird von der Vorsteuerung nicht verändert.

Beispiel 17

Beispiele für Regelungen mit Vorsteuerung sind die Geschwindigkeitsvorsteuerung oder die Beschleunigungsvorsteuerung für Gleichstrommotoren.

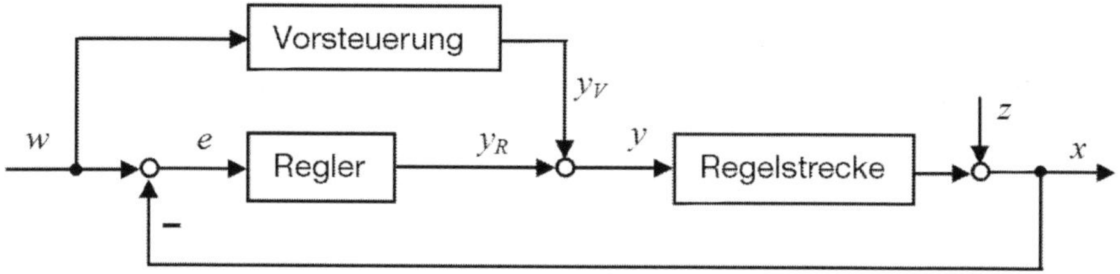

Abb. 34: Regelkreis mit Vorsteuerung

4.13 Adaptive Regelung

Oft ändern sich die Streckeneigenschaften in nicht vorhersehbarer Weise. Bei den bisher betrachteten klassischen Regelsystemen können starke Änderungen der Prozessparameter (Systemparameter) dazu führen, dass die Regelung nicht mehr zufriedenstellend arbeitet. Dann wird der Einsatz einer adaptiven Regelung notwendig. Adaptive Regelungen passen ihr Verhalten den sich verändernden Eigenschaften der zu regelnden Prozesse und deren Signale selbsttätig an. Die Reglerparameter werden bei sich ändernden Prozessparametern so verändert, dass das gewünschte Prozessverhalten (= Verhalten der Regelstrecke) wieder erreicht wird. Selbstoptimierende adaptive Regler überprüfen ständig das Verhalten der Strecke. Haben sich Streckenverhältnisse geändert, so werden nicht nur die Reglerparameter, sondern auch der Reglertyp der Strecke angepasst.

Parameteradaptive Systeme bewirken eine *Selbstanpassung des Reglers* an veränderte Zeitkonstanten und Verstärkungen der Strecke sowie an Änderungen der Strecken-Übertragungsfunktion. Dazu werden die Stellgröße als Eingangssignal der Regelstrecke und die Regelgröße als Ausgangssignal der Regelstrecke vom Regler erfasst. Aus diesen Daten bestimmt der Regler das Übertragungsverhalten der Strecke und die dazu passenden Reglerparameter.

Ändert sich z. B. die Verstärkung der Strecke, kann durch Vergleich mit einer Idealstrecke die erforderliche Korrektur (z. B. durch Division) gewonnen und in einem Serienglied (z. B. Multiplikation) der Regeleinrichtung zugeführt werden, so dass auf diese Weise die Kreisverstärkung konstant bleibt.

Ein wesentliches Problem ist die Erfassung der sich ändernden Parameter und die Verarbeitung in geeigneten Adaptionsalgorithmen, die großen mathematischen Aufwand und somit den Einsatz der Digitaltechnik erfordern (digitale Regelung).

Bei direkten adaptiven Reglern erfolgt eine Modifikation der Reglerparameter direkt in Abhängigkeit von den aktuellen Messwerten (gesteuerte adaptive Regelung). Ein Adaptionsgesetz (z. B. die Faustformel für PID-Regler nach Ziegler-Nichols) beschreibt den Zusammenhang zwischen Messwerten und Reglerparametern.

Bei indirekten adaptiven Reglern wird mit Hilfe eines Identifikationsverfahrens auf der Basis neuer Messwerte fortlaufend ein lineares Modell der Strecke berechnet. Das Ergebnis entspricht dem aus der analytischen Linearisierung um einen Arbeitspunkt gewonnenen Modell. Passend zum momentanen linearen Streckenmodell wird ein linearer Regler entworfen, der den bisherigen Regler ersetzt.

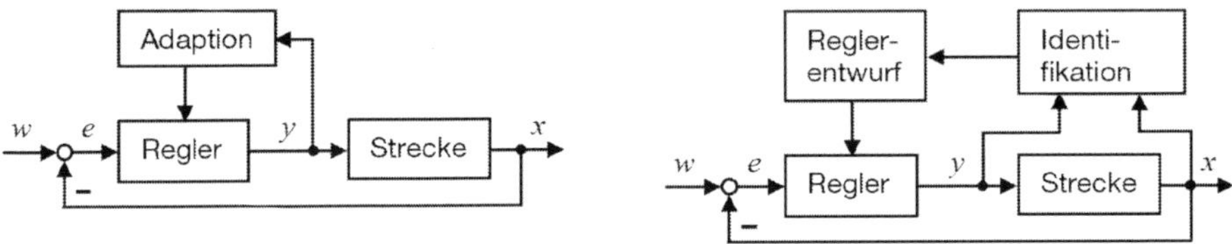

Abb. 35: Direkte (links) und indirekte (rechts) Adaption

Beispiel 18

Beispiele für Regelstrecken mit veränderlichem Verhalten:

- Flugregelungen (z. B. Kurs-, Lageregelung), die von Flughöhe und Geschwindigkeit abhängen.
- Regelung der Triebwerke von Flugzeugen, abhängig von Luftdruck und Fluggeschwindigkeit.
- Regelung einer Raketenflugbahn, abhängig vom Treibstoffgewicht.
- Regelungen in der Hebe- und Fördertechnik, bei denen das Verhalten lastabhängig ist.
- Regelungen im Werkzeugmaschinenbau und in der Robotik bei Änderung von Trägheitsmomenten, der Steifigkeit der Mechanik, der Reibungsverhältnisse, der Schnittkraft.

4.14 Stetige und unstetige Regelung

Je nach Art der zeitlichen Beeinflussung der Stellgröße durch die Regelabweichung unterscheidet man stetige und unstetige Regelungsverfahren.

Bei einer *stetigen* Regelung wird ununterbrochen (kontinuierlich) in den Prozess eingegriffen, der Stellvorgang erfolgt permanent. Innerhalb des definierten Stellbereichs kann die Stellgröße y jeden beliebigen Wert einnehmen. Bei einer stetigen Regelung liegt am Ausgang des Reglers ein stetiges Signal an (z. B. Spannung oder Strom), welches kontinuierlich zwischen einem Anfangs- und Endwert alle Zwischenwerte einnehmen kann.

Bei einer *unstetigen* Regelung wird mit einer Folge von Energieimpulsen (diskontinuierlich) in den Prozess eingegriffen. Im Gegensatz zur stetigen Regelung ist das Ausgangssignal des Reglers nicht kontinuierlich, sondern die Stellgröße kann nur ein- oder ausgeschaltet werden. Der Stellvorgang erfolgt durch kurze Schaltsprünge mit stets gleicher Energiehöhe und bestimmter Zeitdauer. Unstetige Regler werden daher auch *schaltende Regler* genannt. Das Schwanken des Istwertes um den Sollwert ist bei der unstetigen Regelung charakteristisch und unvermeidlich. Ein Zweipunktregler weist eine Hysterese (Unterschied zwischen Ein- und Ausschaltpunkt) auf. Unstetige Regler können im Vergleich zu stetigen mit sehr einfachen, schaltenden Stelleinrichtungen arbeiten.

Beispiel 19

Zweipunktregelung der Temperatur (Ein-/Aus-Regler mit Bimetallschalter) beim Bügeleisen.

Dreipunktregelung der Temperatur bei einer Klimaanlage: Heizen, neutral, kühlen.

4.15 Analoge und digitale Regelung

Analoge Regelkreise arbeiten mit analogen Signalen. Analoge Regler können z. B. mit Operationsverstärkern aufgebaut werden. Da Mikrocontroller preiswert verfügbar sind, werden Aufgaben der Regelungstechnik heute überwiegend mit Mitteln der Digitaltechnik realisiert.

Die Hauptvorteile der digitalen Regelung sind:

1. Flexibilität, neben den klassischen Regleralgorithmen können auch andere (komplexere) Regelstrategien angewandt werden. Insbesondere kann der Regelalgorithmus durch einfache Umprogrammierung geändert werden. Über Multiplexer an den Ein- und Ausgängen können auch mehrere Regelstrecken von einem einzigen Mikrocontroller geregelt werden.
2. Funktionalität, andere Aufgaben, wie z. B. die Prozessüberwachung, können zusätzlich vom Digitalrechner bzw. vom so genannten „Prozessrechner" übernommen werden.
3. Aspekte des Gesamtsystems, die Regelung lässt sich einfach in die Struktur der Prozessautomatisierung integrieren, z. B. in Form eines „Reglerbausteins" bei der Konfigurierung und Programmierung eines Leitsystems.

Im Programmspeicher eines Mikrocontrollers ist entsprechende Software für den Regelalgorithmus abgelegt. Analog-/Digital-Umsetzer (A/D-Wandler) und Digital-/Analog-Umsetzer (D/A-Wandler) für die Signalumwandlungen sind mögliche integrierte Bestandteile des Mikrocontrollers. Außerhalb des digitalen Teils des Regelkreises können die Signale nach wie vor analog sein, im Inneren des Reglers werden aber nur digitale (zahlenmäßige) Signale verarbeitet.

Die analoge Regelgröße x wird von einem A/D-Wandler in einen Zahlenwert gewandelt. Der Sollwert w kann als Zahlenwert in der Software des Mikrocontrollers im Regelalgorithmus festgelegt sein, über eine (z. B. serielle) Schnittstelle übergeben werden, direkt als digitaler Wert (mittels Tastatur) oder über einen A/D-Wandler-Eingang (Potenziometer) eingelesen werden. Die Regeldifferenz $e = w - x$ wird als Zahlenwert berechnet. Aus der Regeldifferenz e wird der Zahlenwert der Stellgröße y berechnet. Diese Berechnung erfolgt je nach gewünschtem Reglertyp unterschiedlich. Dabei wird eventuell auf vorher abgespeicherte Werte von x bzw. y zurückgegriffen. Ein D/A-Wandler wandelt den Zahlenwert in ein analoges Signal der Stellgröße um. Der beschriebene Vorgang läuft zyklisch mit einer genau definierten Zykluszeit, der Abtastzeit T_A, ab. Neue Eingangsgrößen können also nur zu diskreten Zeitpunkten eingelesen und die Stellgröße kann nur zu diskreten Zeitpunkten ausgegeben werden. Durch die Digitalisierung der Regelgröße x muss evtl. die Genauigkeit der A/D-Wandlung je nach Stellenzahl des Wandlers beachtet werden. Durch die zeitdiskrete Signalverarbeitung ergeben sich auch evtl. Grenzen hinsichtlich der Verarbeitung höherer Signalfrequenzen.

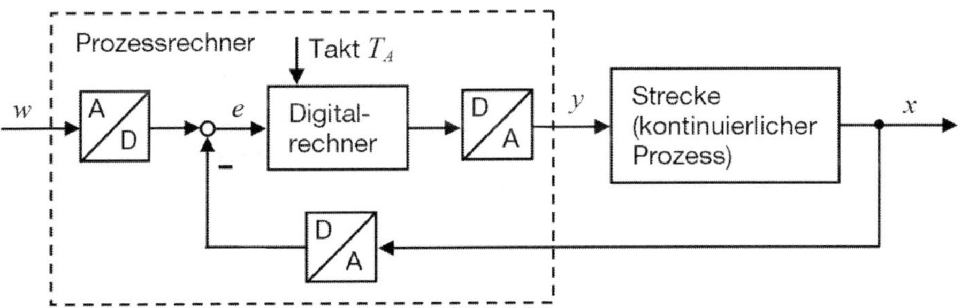

Abb. 36: Digitaler Standardregelkreis

4.16 Fuzzy-Regler

Die Grenzen der klassischen Methoden der Regelungstechnik werden dort erreicht, wo die Eigenschaften der Regelstrecke nicht konstant oder nicht einfach zu berücksichtigen sind. Das Fahrverhalten eines Autos kann z. B. von einer unterschiedlichen Anzahl Passagiere, von der Gepäckladung und zusätzlich vom Wetter (regnerisch, vereist, kalt, warm) abhängig sein. Ein erfahrener Autofahrer wird aber wissen, wie er all diese Faktoren berücksichtigen muss.

Die Idee des Fuzzy-Reglers beruht darauf, das Wissen eines menschlichen Experten möglichst vollständig auf einen Regler zu übertragen, der dann die Funktion eines menschlichen Spezialisten übernehmen und automatisch ausführen kann. Die Fuzzy-Logik versucht insbesondere das regelgeleitete menschliche Vorgehen nachzubilden und qualitatives Prozesswissen in Form von unscharfen Regeln zu verarbeiten. Der Fuzzy-Regler stellt einen äußerst flexiblen, in linguistischer Form parametrierbaren *nichtlinearen* Regler dar, der optimal an die Prozessdynamik angepasst werden kann. In Kombination mit konventionellen Reglern ergeben sich vielfältige Möglichkeiten zum Aufbau hybrider und adaptiver Regelungssysteme. Als Hardware für den Fuzzy-Regler wird oft ein PC mit AD- und DA-Wandlerkarten benutzt, ein Mikrocontroller, oder ein spezieller Fuzzy-Controller.

Struktur eines Fuzzy-Reglers

Ein Fuzzy-Regler kann unabhängig von seiner Wirkungsweise als ein Übertragungssystem mit Eingängen und Ausgängen interpretiert werden. Ein Fuzzy-Regler besteht aus drei Bestandteilen: Der *Fuzzifizierung*, der *Inferenzeinheit* und der *Defuzzifizierung*. Der Fuzzy-Regler ermittelt aus einer oder mehreren Eingangsgrößen bestimmte Stellgrößen, die als Eingangsgrößen der Regelstrecke das Regelungsverhalten bestimmen.

Die Fuzzifizierung

In der Umgangssprache sind Begriffe wie „warm", „kalt", „regnerisch", „vereist" zwar klar verständlich, aber mit einer gewissen Unschärfe verbunden. Die Anwendung mathematischer Methoden, die es erlauben, solche unscharfen Begriffe zu verarbeiten, hat den Fuzzy-Reglern ihren Namen gegeben (fuzzy = unscharf, verschwommen).

Ein Signal, welches am Reglereingang liegt, hat aber einen klar definierten Wert, der nicht unscharf ist. Aus diesem Wert wird eine „Zugehörigkeit" μ zu den unscharfen Begriffen wie „warm", „kalt" usw. abgeleitet.

Für eine Temperatur von 18 °C wären dies z. B:

$$\mu(\text{sehr kalt}) = 0\ \%,\ \mu(\text{kalt}) = 20\ \%,\ \mu(\text{mittel}) = 80\ \%,\ \mu(\text{warm}) = 0\ \%$$

Die Fuzzifizierung übersetzt die scharfen Werte von Eingangsgrößen in Zugehörigkeitsgrade von linguistischen Werten. Für jeden linguistischen Wert (Zugehörigkeitsfunktion) wird der Zugehörigkeitsgrad (Werte zwischen Null und Eins) ermittelt, den der scharfe Wert der Eingangsgröße erzeugt. Damit erfolgt eine Transformation von scharfen Werten zu einer natürlichsprachlichen Situationseinschätzung (z. B. größer – kleiner, langsamer – schneller – sehr schnell). Die Fuzzy-Unschärfe bezieht sich auf die Überlappung der Zugehörigkeitsfunktionen.

Die Inferenz (Verarbeitung)

Grundlage der Inferenz ist die Regelbasis. Befragt man in unserem Beispiel den Autofahrer, wird er „Regeln" formulieren, etwa in der Art „WENN es nicht regnet UND das Wetter ist warm UND viele Passagiere sind im Auto, DANN ...". Der Entwickler eines Fuzzy-Systems muss nach der Befragung von Experten eine möglichst vollständige Liste von solchen Regeln zusammenstellen, in der jeder vorstellbare Fall vorkommt. Diese Liste von Regeln ist die Regelbasis oder *Wissensbasis* des Fuzzy-Reglers.

Mit Hilfe der Regelbasis werden die „fuzzifizierten" Eingangssignale verarbeitet. Aus den mehr oder weniger erfüllten Bedingungen der Regeln („WENN", „UND") ergeben sich Folgerungen („DANN"). Diese können sich teilweise widersprechen. Diese Folgerungen sind meist nicht zu 100 %, sondern mit einer gewissen „Zugehörigkeit" oder einem gewissen „Erfülltheitsgrad" wirksam.

Die Inferenzeinheit von Fuzzy-Reglern bildet mit den fuzzifizierten Werten der Eingangsgrößen und den linguistischen Regeln der Regelbasis die linguistische Schlussfolgerung. Für regelungstechnische Anwendungen werden Schlussfolgerungen in Form von Handlungsanweisungen ermittelt. Ist z. B. die Regeldifferenz kleiner, so wird die Handlungsanweisung abgeleitet, die Stellgröße zu verringern.

Die Defuzzifizierung

Das Defuzzifizierungsverfahren erzeugt aus einer unscharfen Menge einen scharfen Wert. Aus allen mehr oder weniger wirksamen Folgerungen der Regelbasis zusammengenommen muss eine klar definierte Stellgröße gebildet werden. Dabei wird der Kompromisswert gesucht, der am besten zur natürlichsprachlichen Handlungsanweisung passt.

Übertragungsverhalten des Fuzzy-Reglers

Die Charakterisierung technischer Systeme erfolgt anhand ihres Übertragungsverhaltens, d. h. des Zusammenhangs zwischen dem zeitlichen Verlauf der Eingangsgröße des Systems und dem zeitlichen Verlauf der Ausgangsgröße. Die interne Struktur eines Fuzzy-Reglers besteht aus den oben beschriebenen Komponenten (Fuzzifizierung, Inferenz, Defuzzifizierung). Das Übertragungsverhalten der scharfen Eingangsgrößen auf die scharfen Ausgangsgrößen wird durch diese Komponenten festgelegt und ist im Allgemeinen *nichtlinear*. Außerdem ist die Übertragungsfunktion statisch: Nur die aktuellen Eingangswerte bestimmen über algebraische Gleichungen die Ausgangswerte.

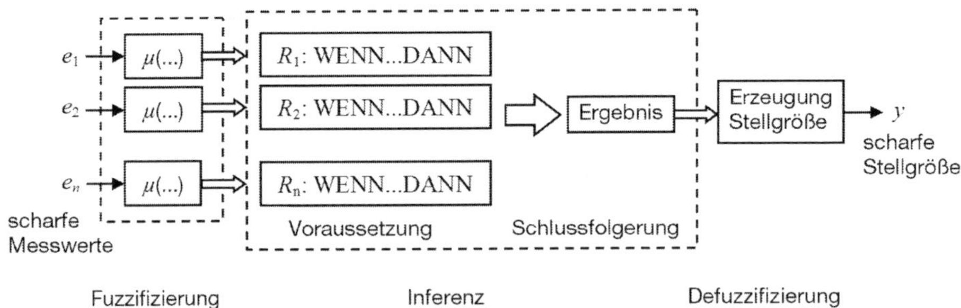

Abb. 37: Schema zur Wirkungsweise eines Fuzzy-Reglers

5 Regelstrecken

5.1 Allgemeines zu Regelstrecken

Die Einteilung der Regelstrecken erfolgt im Allgemeinen nach ihrem zeitlichen Verhalten und nicht nach den zu regelnden physikalischen Größen. Aus regelungstechnischer Sicht ist es daher unwichtig, ob es sich um die Regelung der Drehzahl eines Motors, der Temperatur in einem Ofen oder des Flüssigkeitsstandes in einem Behälter handelt.

Die Regelstrecke ist der Teil des Regelkreises, in dem die Regelgröße x (der Istwert) mit Hilfe der Stellgröße y auf den Wert der Führungsgröße w (Sollwert) gebracht und gehalten werden muss. Im Allgemeinen ist die Regelstrecke der Bereich zwischen Stellort (an dem der Regler seinen Stellgrad aufschaltet) und Messort (Sensor zur Istwert-Erfassung). Der Eingang der Regelstrecke ist die Stellgröße y. Der Ausgang der Regelstrecke ist die Regelgröße x. Auf die Regelstrecke wirken (bedingt durch äußere Einflüsse oder prozessabhängige Veränderungen) Störgrößen z ein, welche Einfluss auf die Regelgröße nehmen.

Die Regelstrecke ist also der Anlagenteil, der je nach Aufgabenbereich beeinflusst werden muss: **Regelstrecke = der zu regelnde Vorgang**. Sie umfasst normalerweise eine Reihe von Gliedern innerhalb einer Anlage.

Die Regelstrecke stellt den zu regelnden technischen Prozess dar!

Regelstrecken sind praktisch immer fest vorgegeben und können kaum noch nachträglich verändert werden. Das Verhalten der Regelstrecke ist meist durch technische Gegebenheiten festgelegt und lässt sich kaum beeinflussen. Das Verhalten kann außerdem oft nicht oder nur sehr schwer berechnet werden und wird dann durch Messungen ermittelt. Man wird versuchen, durch Tests eine genaue Kenntnis der Eigenschaften der Regelstrecke zu erhalten. Wie erwähnt, interessiert besonders das Zeitverhalten der Regelstrecke, d. h. ihre Reaktion auf eine Änderung der Eingangsgröße oder auf Störungen. Um das bestmöglichste Verhalten des ganzen Regelkreises zu erreichen, muss zu der vorgegebenen Strecke der passende Regler gewählt werden.

Wichtig für den Aufbau eines Regelkreises ist es zu wissen, wie die Regelstrecke reagiert, wenn sich die Eingangsgröße oder eine Störgröße ändert. Zum Einen ist es von Interesse zu wissen, auf welchen **neuen Wert** sich bei solchen Änderungen die Regelgröße einstellt, wenn man abwartet bis sich der so genannte konstante **Beharrungszustand** eingestellt hat. Andererseits ist es wichtig zu erfahren, wie der **zeitliche Verlauf des Übergangs** bis zum neuen Beharrungswert (Endwert) aussieht. Die Kenntnis der streckenbestimmten Eigenschaften ist notwendig und kann spätere Schwierigkeiten schon bei der Auslegung des Prozesses vermeiden helfen.

Die **Kenntnis der Regelstrecke** ist die **Grundlage zum optimalen Einstellen der Reglerparameter**. Da sich nur aus der **Regelstrecke die Reglerstruktur und die Reglerparameter ableiten lassen**, ist es notwendig, eine Regelstrecke richtig zu analysieren. Ziel dieser Analyse ist es, Informationen über das Regelstreckenverhalten zu erhalten, um die Reglerparameter so festzulegen, dass der geschlossene Regelkreis ein optimales Übertragungsverhalten hat und nicht instabil werden kann. Man unterscheidet zwei Arten von Analysen, die **theoretische** und die **experimentelle Prozessanalyse**.

5.1.1 Theoretische Prozessanalyse

Bei der theoretischen Prozessanalyse werden physikalische Gesetze angewandt, die das Systemverhalten beschreiben. Als Ergebnis erhält man eine Differenzialgleichung oder ein Differenzialgleichungssystem. Dies wird als **Modellbildung** oder **Identifikation** bezeichnet. Dieser klassische Weg, über eine mathematische Modellierung des zu regelnden Systems einen Regler zu berechnen, funktioniert bei linearen Modellen und linearen Reglern.

Die Modellierung linearer Systeme führt zu linearen Gleichungen bzw. linearen Differenzial-Gleichungen. Viele leistungsfähige Untersuchungsverfahren der Regelungstechnik – beispielsweise die Laplace-Transformation oder die lineare Algebra – lassen sich bei linearen Regelkreiselementen anwenden (aber nicht bei nichtlinearen Systemen). Auch für die Modellbildung selbst existiert eine Vielzahl von Verfahren, beginnend bei einfachen Modellansätzen, deren Parameter per Hand ermittelt werden können, bis hin zu aufwendigen, numerischen Parameterschätzverfahren, mit deren Hilfe auch Modelle höherer Ordnung bestimmt werden können. Für die Synthese linearer Regelkreise steht eine umfangreiche Sammlung von Entwurfsverfahren zur Verfügung, beginnend beim einschleifigen Standardregelkreis, über Kaskadenregelungen bis hin zu Zustandsregelkreisen. Die Frage nach der Stabilität eines linearen Regelkreises kann anhand verschiedener numerischer oder grafischer Kriterien, wie sie beispielsweise von Routh oder Nyquist angegeben wurden, eindeutig und in der Regel auch ohne allzu großen Aufwand geklärt werden.

Zur Vertiefung

Die allgemeine Differenzialgleichung eines linearen, dynamischen Systems (eines technischen Prozesses) ist:

$$\boxed{a_0x(t)+a_1\dot{x}(t)+a_2\ddot{x}(t)+\ldots+a_nx^{(n)}(t)=b_0y(t)+b_1\dot{y}(t)+\ldots+b_my^{(m)}(t)}$$

Bei der Prozessanalyse (Prozessidentifikation, Systemidentifikation) werden die Koeffizienten ($a_0 \ldots a_n$, $b_0 \ldots b_m$) des mathematischen Modells rechnerisch oder experimentell ermittelt.
Kontinuierliche Prozesse können allgemein auch durch komplexe Übertragungsfunktionen beschrieben werden. Eine Übertragungsfunktion beschreibt ebenso wie eine Differenzialgleichung mathematisch, wie sich der Prozess verhält. Differenzialgleichungen geben das Systemverhalten im Zeitbereich an, die Variable ist die Zeit. Übertragungsfunktionen beschreiben das Systemverhalten im Frequenzbereich, die Variable ist die Frequenz. Eine Transformation vom Zeit- in den Frequenzbereich und umgekehrt ist mit der Laplace-Transformation (bzw. inversen Laplace-Transformation) möglich.

Auch für bestimmte Klassen von nichtlinearen Systemen (z. B. in der Robotik) sind die Modelle bekannt. Spezielle Entwurfsalgorithmen für nichtlineare Regler sichern die Güte und die Stabilität solcher Regelkreise.

Problematischer ist die Situation, wenn

- für nichtlineare oder zeitvariante Systeme nur qualitative Modelle vorliegen
- eine Vielzahl von Ein- und Ausgangsgrößen existieren
- die Modelle in ihren Strukturen bzw. in ihren Parametern erhebliche Unsicherheiten aufweisen und zudem nur eine beschränkte Modellgüte liefern.

Für **nichtlineare Systeme** existiert **keine geschlossene Theorie**. Die Nichtlinearitäten können so unterschiedlich sein, dass mathematische Modelle, Entwurfsverfahren oder Stabilitätsaussagen nur für eine begrenzte Klasse von speziellen Nichtlinearitäten brauchbar sind.

Kurz: Bei nichtlinearen Systemen sind Schwierigkeiten bei der Realisierung der Regelung zu erwarten.

Innerhalb eines Regelungssystems können Nichtlinearitäten an vielen Stellen auftreten: In der Regelstrecke, in den Sensoren, im Regler oder im Stellglied. Nichtlinearitäten verschlechtern die Systemdynamik und sind unerwünscht.

Reale Systeme sind nichtlinear. Die allgemein als linear bezeichneten Systeme sind also genau genommen nichts anderes als nichtlineare Systeme mit vernachlässigbaren Nichtlinearitäten. Der Zusammenhang zwischen der Eingangsgröße und der Ausgangsgröße eines Regelungssystems wird im Allgemeinen durch eine nichtlineare Differenzialgleichung angegeben, deren Lösung meist aufwendig ist. Die Untersuchung beschränkt sich daher auf das System im Arbeitspunkt, so dass die Differenzialgleichung linearisiert werden kann.

Reale Systeme sind häufig auch zeitvariant und/oder weisen verteilte Parameter auf. Ändern sich die Zustandsgrößen nicht nur in Abhängigkeit von der Zeit sondern auch vom Ort, dann erhält man partielle Differenzialgleichungen (mit mehreren Variablen).

Bei nichtlinearen Systemen oder Parametervariationen im Betrieb wird ein für einen bestimmten Arbeitspunkt entworfener linearer Regler nur eine ungenügende Regelgüte liefern. In solchen Fällen kann eine Parameteradaption oder der Einsatz eines nichtlinearen Reglers die Situation verbessern.

5.1.2 Experimentelle Prozessanalyse

Die theoretische Prozessanalyse (Erstellung eines mathematischen Modells) ist meist sehr schwierig und zeitaufwendig. Andere Verfahren einen Regler zu entwerfen, die keinen größeren mathematischen Aufwand erfordern, bedienen sich heuristischer oder empirischer Einstellregeln (so genannter Faustregeln). Bei diesen Verfahren nutzt man nicht so sehr theoretisches Wissen, sondern führt Experimente durch. Ein Verfahren basiert auf der Analyse des Antwortverhaltens der Regelstrecke (des Prozesses) auf eine stufenförmige Änderung (Stufenfunktion, Sprungfunktion) der Werte der Stellgröße. Die Sprungfunktion wird als Testfunktion (Testsignal) verwendet.

Bei der experimentellen Prozessanalyse werden aus einem Eingangssignal und dem daraus folgenden Ausgangssignal die Streckenparameter ermittelt.

Um das Verhalten von Regelstrecken zu untersuchen, wird eine einheitliche Funktion für das Eingangssignal benutzt, die **Sprungfunktion**. Die Stellgröße $y(t)$ wird zu einem Zeitpunkt t_0 um $\Delta y = y_1(t_0) - y_0(t_0)$ sprunghaft von einem Wert $S_0 = y_0(t_0)$ auf einen Wert $S_1 = y_1(t_0)$ erhöht.

Der aus der sprunghaften Änderung der Stellgröße am Eingang der Regelstrecke folgende zeitliche Verlauf der Regelgröße am Ausgang der Regelstrecke wird aufgezeichnet. Diese Messung bzw. Aufnahme kann z. B. mit einem Oszilloskop oder einem Schreiber erfolgen. Evtl. ist dazu vorher eine Signalwandlung notwendig. Das gemessene Ausgangssignal wird als **Sprungantwort** oder als **Übergangsfunktion** bezeichnet. **Die Sprungantwort kennzeichnet eindeutig das dynamische Verhalten der Regelstrecke.** Aus der Sprungantwort der Regelstrecke können Zeiten ermittelt werden, mit denen schließlich die Reglerparameter (z. B. aus Tabellen) bestimmt werden können.

Um das Antwortverhalten der Regelstrecke auf die sprunghafte Stellgrößenänderung zu messen, darf der Regelkreis natürlich nicht geschlossen sein, d. h. die **Regelstrecke wird zur Aufnahme der Sprungantwort vom Regler gelöst**. Dies kann erfolgen, indem ein Regelgerät in den Handbetrieb umgeschaltet wird, damit auf die Stellgröße direkt Einfluss genommen werden kann.

Die Höhe des Sprungs am Eingang muss nicht immer von 0 auf 100 % sein, es können auch Änderungen in kleineren Bereichen, z. B. von 30 % auf 50 %, durchgeführt werden, wenn die Größe der Änderung am Ausgang ausreicht. Bei einem elektrischen System kann die Sprungfunktion durch das Schalten einer Gleichspannung gebildet werden.

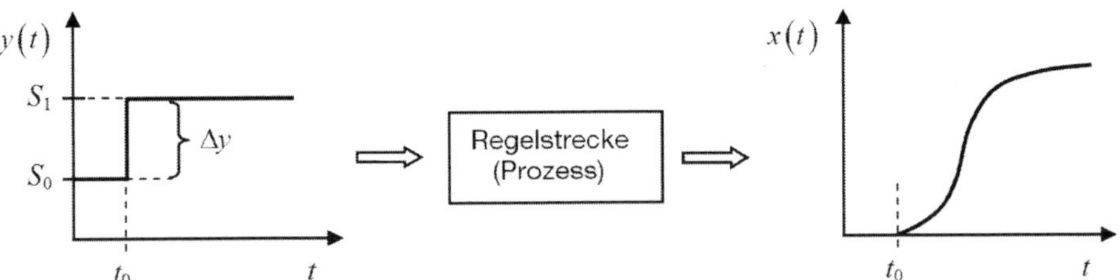

Abb. 38: Aufnahme der Sprungantwort, Verhalten einer Regelstrecke auf eine sprunghafte Änderung des Eingangs (der Stellgröße) bei offenem Regelkreis (Beispiel für den Verlauf am Ausgang)

5.2 Einteilung von Regelstrecken

Regelstrecken kann man grob durch folgende Merkmale unterscheiden:

- ihre Ordnung
- mit und ohne Ausgleich
- mit und ohne Totzeit.

In den meisten Fällen liegt eine Kombination der einzelnen Eigenschaften vor.

5.2.1 Ordnung eines Systems

Die Ordnung eines Systems entspricht der Ordnung der zugehörigen Differenzialgleichung, welche durch die höchste darin vorkommende Ableitung nach der Zeit gekennzeichnet ist. Durch die Systemordnung ist die Anzahl der unabhängigen Energiespeicher im System bekannt bzw. festgelegt. Unabhängig sind Energiespeicher, wenn sie voneinander entkoppelt sind. Zwei unmittelbar parallel geschaltete Kondensatoren sind z. B. keine voneinander unabhängigen Energiespeicher, da sie durch einen einzigen Kondensator mit dem Wert der Summe der einzelnen Kapazitätswerte ersetzt werden könnten. Ein System **erster Ordnung** besitzt **einen Energiespeicher.** Ein System **höherer Ordnung** besitzt **zwei oder mehr Energiespeicher.**

Kurz: Anzahl der Energiespeicher = Ordnung des Systems.

Sind in einem System **Energiespeicher** vorhanden, so ist dies immer mit einer **verzögerten Reaktion am Ausgang** verbunden, wenn sich die Eingangsgröße sprunghaft ändert. Verzögerung bedeutet hier, dass die Regelgröße x einer sprungartigen Änderung der Stellgröße y nicht sprunghaft folgen kann, sondern erst nach einer bestimmten Zeit einen neuen, stabilen Wert erreicht. Man spricht von einem **T_x-Verhalten,** wobei x die Systemordnung ist. Verzögerungen treten bei technischen Prozessen immer auf, wenn Energie zu- oder abgeführt oder Massen beschleunigt oder abgebremst werden müssen.

0. Ordnung

Ein System 0. Ordnung hat keinen Energiespeicher und dadurch einen Übergang in den Beharrungszustand, der direkt der sprunghaften Änderung am Eingang entspricht. Der Ausgang ändert sich gleichzeitig zur Eingangsänderung ebenfalls sprunghaft, wobei der neue Beharrungswert kleiner oder größer als die Änderung am Eingang sein kann. Dies entspricht einer Abschwächung oder einer Verstärkung. Der Ausgang ändert sich also proportional zur Änderung des Eingangs, der Proportionalitätsfaktor kann kleiner oder größer als eins sein. Man spricht von einem **P-Verhalten** (Proportionalverhalten).

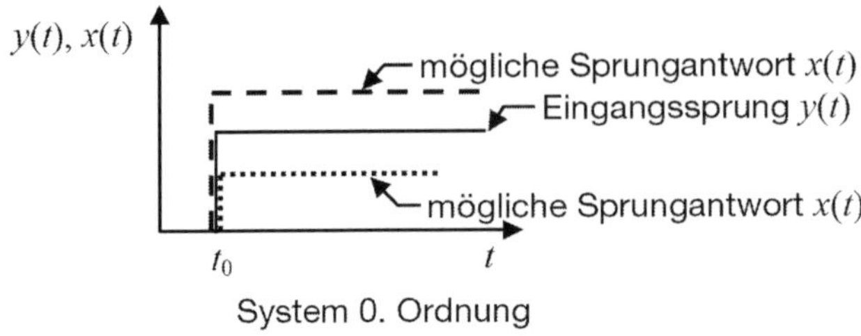

Abb. 39: Sprungantwort einer Strecke 0. Ordnung mit Ausgleich

1. Ordnung

Bei einem System 1. Ordnung erfolgt der Übergang in den neuen Beharrungszustand nach einer Exponentialfunktion (e-Funktion). Ändert sich der Eingang sprunghaft zum Zeitpunkt t_0, so steigt im gleichen Augenblick der Ausgang entsprechend dem Verlauf einer e-Funktion an und strebt für $t \longrightarrow \infty$ gegen den neuen Beharrungswert, wenn es sich um eine Strecke mit Ausgleich handelt. Man spricht von einem **T_1-Verhalten**. Der neue Beharrungswert kann größer oder kleiner als der Sprung am Eingang sein.

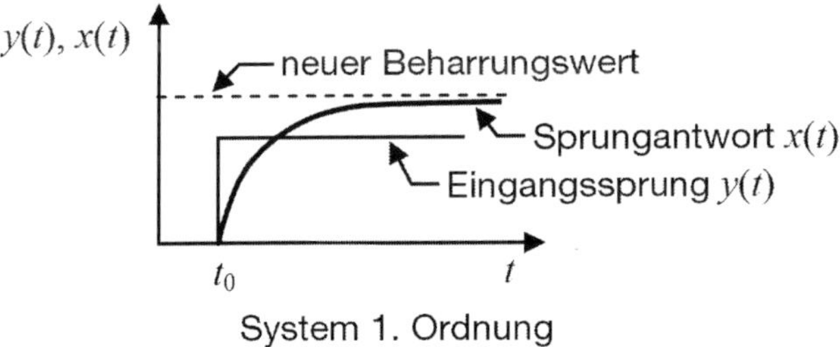

Abb. 40: Sprungantwort einer Strecke 1. Ordnung mit Ausgleich

2. Ordnung und höher

Ändert sich der Eingang eines Systems höherer Ordnung (ab 2. Ordnung) sprunghaft, so erfolgt der Übergang in den neuen Beharrungszustand nach einer S-förmigen Kurve. Die Kurve wird umso steiler, je höher die Ordnung des Systems ist. Wie erwähnt, liegt ein T_x-Verhalten vor (x = Ordnung).

Bei einem System 2. Ordnung kann der Übergang in den neuen Beharrungswert auch in Form einer gedämpften Schwingung verlaufen. Dabei über- und unterschreitet der Wert des Ausgangs den Endwert mit abnehmender Größe (die Amplitude der Schwingung wird kleiner). Für $t \longrightarrow \infty$ strebt der Wert des Ausgangs gegen den neuen Beharrungswert.

Der neue Beharrungswert kann jeweils größer oder kleiner als der Sprung am Eingang sein.

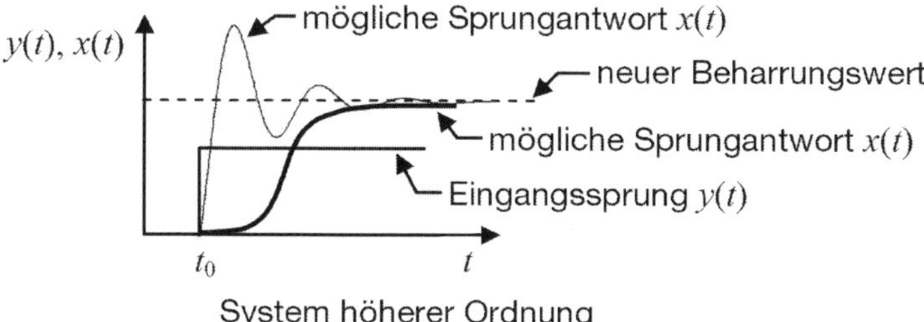

Abb. 41: Sprungantworten einer Strecke höherer Ordnung mit Ausgleich

5.2.2 Regelstrecken mit Ausgleich

Von Regelstrecken mit Ausgleich spricht man, wenn ein stationärer Endwert der Regelgröße x erreicht wird. Diese Strecken haben meist P- oder PT_x-Verhalten (P = Proportionalverhalten, T_x = mit Verzögerung).

Das **Ausgangssignal einer Strecke mit Ausgleich** stellt sich als Reaktion auf eine Änderung der Stellgröße oder einer Störung nach einer endlichen Zeit auf einen **neuen, stabilen Istwert** (Beharrungswert) ein. Es findet ein Ausgleichsvorgang statt.

Beispiel 20

Ein Beispiel für ein System 0. Ordnung ist ein ohmscher Spannungsteiler.

Ein typisches Beispiel für eine Regelstrecke mit Ausgleich ist der Aufheizvorgang eines Mediums durch ein wärmeres Medium. Ein Wärmeübergang erfolgt nur für eine Zeit, während der ein Temperaturgradient existiert.

Ein weiteres Beispiel ist die Temperaturregelung einer Heizungsanlage. Bei Veränderung der Stellung des Mischventils erreicht die Raumtemperatur einen neuen, stabilen Wert. Ausgleich bedeutet, dass die Regelgröße x der Strecke nach einer sprungartigen Änderung der Stellgröße y innerhalb einer abzuwartenden Übergangszeit wieder einen stabilen Zustand, den so genannten Beharrungszustand erreicht.

5.2.3 Regelstrecken ohne Ausgleich

Von Regelstrecken ohne Ausgleich spricht man, wenn kein stationärer Endwert der Regelgröße x erreicht wird. Diese Strecken haben meist I- oder IT_x-Verhalten (I = Integralverhalten).

Das **Ausgangssignal einer Strecke ohne Ausgleich** wird als Reaktion auf eine sprunghafte Änderung am Eingang keinen neuen Beharrungszustand einnehmen, sondern ins **Unendliche** wandern (monoton anwachsen). Ein typisches Beispiel ist das Aufheizen eines Mediums durch konstante Wärmezufuhr oder das (Über-)Füllen eines Behälters durch konstanten Zufluss.

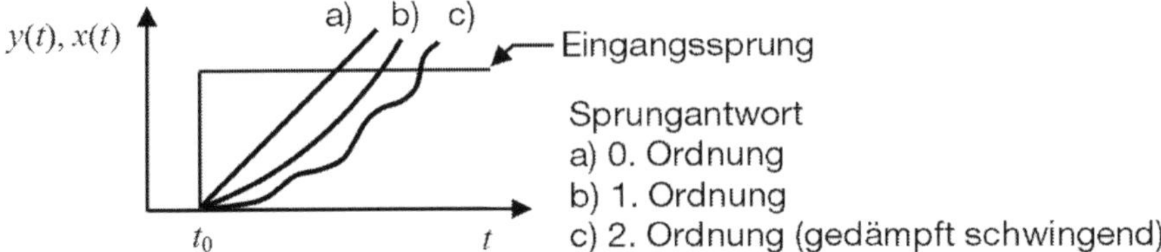

Abb. 42: Sprungantworten einer Strecke ohne Ausgleich

Beispiel 21

Ein Beispiel einer Regelstrecke ohne Ausgleich ist ein Behälter mit dem Füllstand als Regelgröße x, wenn die Ablaufmenge in m^3/h konstant gehalten wird. Jede Änderung der Zulaufmenge in m^3/h führt dann entweder zum Überlaufen oder Leerlaufen des Behälters. Regelstrecken ohne Ausgleich haben einen integralen Charakter.

5.2.4 Regelstrecken mit Totzeit

Von Regelstrecken mit Totzeit spricht man, wenn die Regelgröße x erst nach einer bestimmten Zeit T_t eine Reaktion auf die Stellgröße y zeigt. Eine Totzeit kann in allen Typen von Regelstrecken vorkommen. Totzeiten sind im Bereich der Regelungstechnik nicht erwünscht, da sie die Regelung sehr erschweren. **Regelstrecken mit dominierenden Totzeiten sind sehr schwierig zu regeln.** Für derartige Strecken wurde ein spezieller Regler gefunden, der unter dem Namen Smith-Regler oder Smith-Prädiktor bekannt ist.

In der Praxis vorkommende Regelstrecken weisen meist Kombinationen der beschriebenen Eigenschaften auf. Die Kriterien Ausgleich, Verzögerung und Totzeit treten dann gemeinsam auf.

Beispiel 22

Ein bekanntes Beispiel für eine Regelstrecke mit Totzeit ist das Förderband. Durch eine Schieberöffnung (Stellgrößenänderung Δy) gelangt mehr oder weniger Fördergut auf das Band. Die höhere oder geringere Ausschüttmenge (Regelgrößenänderung Δx) wirkt sich am Ende des Förderbandes jedoch nicht sofort aus, sondern erst nach einer Totzeit, die von der Geschwindigkeit und der Länge des Bandes abhängt.

5.3 Kennlinien von Regelstrecken mit Ausgleich

Eine Voraussetzung für die Auslegung von Regelungen und die korrekte Realisierung einer Regelaufgabe ist eine genaue Charakterisierung und Kenntnis der Regelstrecke. Ohne ein genaues Wissen um das Verhalten der Regelstrecke ist es nicht möglich geeignete Regler auszuwählen und diese zu parametrieren. Die Beschreibung des Zeitverhaltens ist wichtig, um das Ziel der Regelung zu erreichen, nämlich das Zeitverhalten technischer, dynamischer Systeme zu beherrschen und dem technischen System einen bestimmten Zeitverlauf aufzuprägen. Für die Auswahl eines geeigneten Reglers muss also das Verhalten der Regelstrecke bekannt sein. Man versucht das Verhalten der Regelstrecken durch die Angabe von **Kennlinien** und **Zeitfunktionen** zu beschreiben, um daraus die Regelstreckenparameter abzuleiten. Eventuell muss zur Festlegung der Parameter (falls möglich) ein fester Arbeitspunkt (Betriebspunkt) auf einer statischen Kennlinie festgelegt werden.

Die Aufgabe der Regelungstechnik besteht darin, für eine gegebene Regelstrecke und die zugrunde liegende Regelaufgabe die Struktur des Regelkreises und die zugehörigen Regler zu entwerfen und deren Parameter so einzustellen, dass die Regelgröße x möglichst gut den Sollvorgaben entspricht. Um dies zu erreichen, müssen alle Betriebszustände berücksichtigt werden. Dazu gehören stationäre Arbeitspunkte und der Verlauf dynamischer Änderungen.

Stationäre Arbeitspunkte

Dies sind Arbeitspunkte, in denen sich die Zustandsgrößen des Regelkreises oder des Übertragungsgliedes nicht mehr ändern. In einem stationären Arbeitspunkt sind alle Ausgleichsvorgänge abgeschlossen und das System verharrt in einem eingeschwungenen Zustand (Beharrungszustand). Trägt man alle Werte $x = f(y)$ auf, so erhält man die stationäre (statische, von der Zeit unabhängige) Kennlinie.

Dynamische Kennlinie

Dies ist der zeitliche Verlauf des Übergangs zwischen zwei stationären Arbeitspunkten. Stabile Systeme gehen für $t \longrightarrow \infty$ in einen eingeschwungenen Zustand über. Es wird ein endlicher Wert am Systemausgang erreicht, der sich zeitlich nicht mehr ändert.

5.3.1 Ermittlung der statischen (stationären) Kennlinie

Die Kennlinie einer Regelstrecke ist die grafische Darstellung des Zusammenhangs zwischen Stellgröße y und Regelgröße x. Eine Kennlinie ist hier ein Diagramm, bei dem die Abhängigkeit einer physikalischen Größe von einer anderen physikalischen Größe (aber nicht der Zeit) dargestellt ist. Auf der senkrechten Achse kann z. B. die Raumtemperatur und auf der waagrechten Achse die Stellung eines Mischventils aufgetragen sein.

Die statische Kennlinie kann ermittelt werden, indem für verschiedene Werte der Eingangsgröße die Ausgangsgröße, welche sich *nach langer Zeit einstellt*, gemessen und in einem Diagramm aufgetragen wird.

Die Zeit spielt für die Änderung der Ausgangsgröße keine Rolle, weil die zu jeder Stellgrößenänderung sich ergebende Regelgrößenänderung abgewartet werden muss (Erreichen des Beharrungszustandes). Die Kennlinie zeigt den Zusammenhang zwischen Stellgröße y und Regelgröße x innerhalb des Laufbereichs beider Größen bei konstantem Einfluss der Störgrößen. Zu jedem Stellgrößenwert y ist der zugehörige Regelgrößenwert x im Beharrungszustand aufgetragen.

Statische Kennlinien können linear oder nichtlinear sein.

Beispiel 23

Ein Beispiel für ein Übertragungsglied mit linearer Kennlinie ist ein RC-Netzwerk. Die Ausgangsspannung U_2 folgt zwar der angelegten Spannung U_1 mit einem gewissen Zeitverhalten ($U_2 = f(t)$, ein exponentielles Aufladen des Kondensators), die einzelnen **End**werte sind jedoch proportional zur angelegten Spannung, somit gilt $U_2 = f(U_1)$. Nach langer Zeit ist der Kondensator auf die ladende Spannung U_1 aufgeladen.

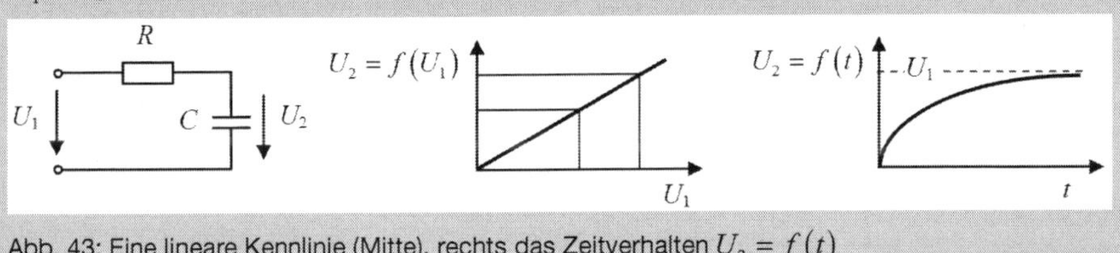

Abb. 43: Eine lineare Kennlinie (Mitte), rechts das Zeitverhalten $U_2 = f(t)$

Man sagt auch, die **Streckenverstärkung K_S einer linearen Strecke ist konstant**, da eine Änderung der Eingangsgröße immer die gleiche Änderung der Ausgangsgröße zur Folge hat. Das Ergebnis ist eine lineare Kennlinie. Die Streckenverstärkung wird auch als **Übertragungsbeiwert** bezeichnet.

Die stationäre Kennlinie einer Regelstrecke kann auch gekrümmt und somit nichtlinear sein. Analysiert man das Verhalten von nichtlinearen Strecken mit Hilfe von Sprungantworten, so zeigt sich an jedem Betriebspunkt (**Arbeitspunkt**) ein anderes dynamisches Verhalten der Regelgröße. Die Streckenverstärkung ist nicht konstant, sie ändert sich in Abhängigkeit der Lage des Arbeitspunktes. Für die Regelung ist dieses Verhalten von Nachteil, da es zu einem betriebspunktabhängigen Regelverhalten der Strecke führt. Die Einstellung des Reglers vereinfacht sich, wenn eine nichtlineare Strecke in einem festen Betriebspunkt einer Anlage betrieben wird. Das folgende Beispiel soll dies verdeutlichen.

Beispiel 24

Bei einem elektrobeheizten Ofen handelt es sich um eine nichtlineare Strecke. Eine Änderung der Heizleistung von 500 W auf 1000 W hat z. B. eine größere Temperaturerhöhung zur Folge als eine Erhöhung von 2000 W auf 2500 W. Die Temperatur des Ofens steigt nicht im gleichen Maße wie die zugeführte Leistung, da die Temperaturabstrahlung bei höheren Temperaturen immer stärker wird. Man muss daher eine immer höhere Leistung aufwenden, um die Energieverluste aufzuheben. Die Streckenverstärkung K_S ist bei solchen Systemen nicht konstant, sie ist vom Arbeitspunkt (Betriebspunkt) AP abhängig und nimmt mit höheren Istwerten immer weiter ab (siehe Abb. 44 rechts).

Auch Prozesse mit geschwindigkeitsproportionaler Reibung oder Zusammenhänge zwischen Motorleistung und Drehzahl sind z. B. nichtlinear.

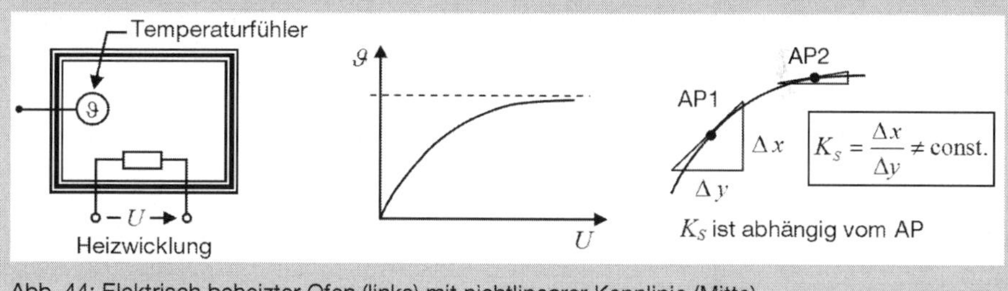

Abb. 44: Elektrisch beheizter Ofen (links) mit nichtlinearer Kennlinie (Mitte)

Hat eine Strecke eine nichtlineare Kennlinie, so ist auf alle Fälle zu beachten, dass die Streckenverstärkung für verschiedene Arbeitspunkte unterschiedlich ist.

Wird eine nichtlineare Strecke vorwiegend oder grundsätzlich an einem festen Arbeitspunkt betrieben, so passt man den Regler speziell an diesen Betriebspunkt an. Die Streckenparameter müssen dann nur für diesen Arbeitspunkt und evtl. dessen nähere Umgebung bestimmt werden. Dies entspricht einer **Linearisierung der Kennlinie im Arbeitspunkt**. Die Linearisierung erlaubt es, Werkzeuge und Entwurfsverfahren der linearen Regelungstechnik auf eine nichtlineare Strecke anzuwenden.

Wenn kein fester Arbeitspunkt definiert werden kann, wie z. B. bei einer Folgeregelung mit variablem Sollwert, bleibt die Einstellung der Reglerparameter ein Kompromiss. Dann wird der Regler zumeist bei mittlerer Streckenverstärkung eingestellt.

5.3.2 Ermittlung der dynamischen Kennlinie

Für die Charakterisierung des Regelkreises ist das Zeitverhalten der Strecke ausschlaggebend. Die dynamische Kennlinie beschreibt, wie sich das Ausgangssignal des Übertragungsgliedes (der Strecke) zeitlich verhält, wenn sich das Eingangssignal verändert.

Grundsätzlich gibt es die Möglichkeit, dass sich die Ausgangsgröße sofort und proportional zur Eingangsgröße verändert. Bei vielen Systemen reagiert das System jedoch mit einer gewissen Verzögerung.

Um die dynamische Kennlinie einer Regelstrecke zu ermitteln, wird auf den Eingang eine sprunghafte Änderung gegeben und der zeitliche Verlauf des Ausgangs aufgezeichnet. Diese Ermittlung der Sprungantwort wurde schon in Abschnitt 5.1.2 angesprochen. Dort wurde bereits erwähnt, dass der Verlauf der Übergangsfunktion eindeutig das dynamische Verhalten der Regelstrecke kennzeichnet.

Zur Beschreibung der unterschiedlichen Arten von Regelstrecken im nächsten Abschnitt wird daher grundsätzlich die Sprungantwort als entscheidendes Charakteristikum für das Zeitverhalten verwendet.

5.4 Arten von Regelstrecken

5.4.1 P-Strecke ohne Zeitverzögerung

Das einfachste Übertragungsverhalten einer Regelstrecke ist das **Proportionalverhalten**. Eine sprunghafte Änderung am Eingang wird in eine proportionale (verhältnisgleiche), ebenfalls sprunghafte Änderung am Ausgang umgesetzt.

Bei so genannten **verzögerungsfreien** Regelstrecken (**0. Ordnung**) **folgt die Regelgröße der Stellgröße unverzögert**. Bei P-Regelstrecken mit Ausgleich ist die Regelgröße proportional zur Stellgröße. Solche Strecken werden als Proportional- oder kurz P-Strecken bezeichnet.

Für die Regelgröße x und die Stellgröße y gilt folgender Zusammenhang:

$$\boxed{\Delta x = K_S \cdot \Delta y}$$

Daraus folgt: $\boxed{K_S = \dfrac{\Delta x}{\Delta y}}$

Eine P-Strecke wird durch den Streckenparameter K_S vollständig gekennzeichnet.

Kennwert der P-Strecke ist der **Faktor K_S**, er wird als **Übertragungsbeiwert** (oder **Streckenverstärkung**) bezeichnet.

Das Blocksymbol einer P-Strecke ist ein horizontaler Strich in einem Koordinatensystem, der den konstanten Übertragungsbeiwert symbolisiert.

Diese so genannten „sprungförmigen“ Strecken sind sehr selten, da in der Praxis meist irgend eine Zeitverzögerung auftritt.

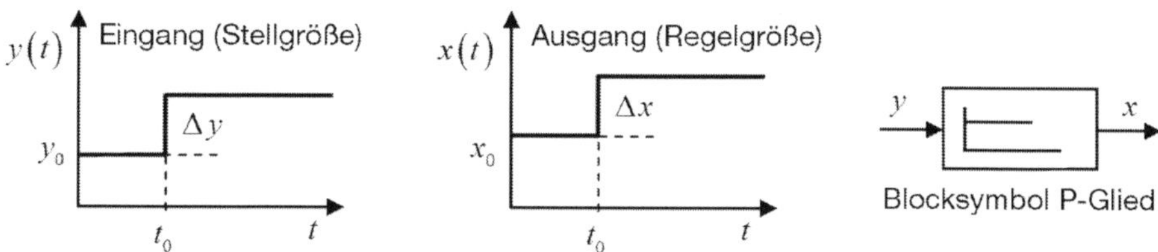

Abb. 45: Sprungantwort einer verzögerungsfreien P-Strecke

Beispiel 25

Beispiele für proportionale Regelstrecken sind:

- der ohmsche Spannungsteiler: $U_a = \frac{R_2}{R_1 + R_2} \cdot U_e$, d. h. $K_S = \frac{R_2}{R_1 + R_2}$
- der mechanische Hebel mit dem Kräfteverhältnis $F_e \cdot x_1 = F_a \cdot x_2$, d.h. $K_S = \frac{x_1}{x_2}$
- der Transistor (Kollektorstrom I_C folgt dem Basisstrom I_B praktisch unverzögert): $I_C = B \cdot I_B$
- ein mechanisches Getriebe ohne Schlupf
- eine Flüssigkeitsströmung (Durchfluss in einer Rohrleitung).

5.4.2 P-Strecke mit Totzeit (T_t-Strecke)

Die **Totzeit** wird hervorgerufen durch **Laufzeiten** von **Signalen** oder **Stoffströmen**.

Die **Sprungantwort** ist **gegenüber t_0 um die Totzeit T_t verzögert** (nach rechts verschoben), siehe Abb. 46. Mathematisch wird diese Zeitverschiebung beschrieben durch $\boxed{x(t) = y \cdot (t - T_t)}$.

Kennwerte sind die **Totzeit T_t** und der **Übertragungsbeiwert K_S.**

Ist $K_S \neq 1$, so handelt es sich um eine PT$_t$-Strecke. Für $K_S = 1$ liegt eine reine Totzeitstrecke vor.

Bei Strecken mit Verzögerungen oder bei integrierenden Strecken bewirkt eine Totzeit (Laufzeit) ebenfalls eine zeitliche Verschiebung der Sprungantwort nach rechts. Totzeiten können sowohl bei Strecken mit oder ohne Ausgleich auftreten.

Totzeiten sind ein großes Problem in der Regelungstechnik, da die Wirkung einer Stellgradänderung immer erst nach Ablauf der Totzeit in der Regelgröße abgebildet wird. War die Stellgradänderung zu groß, kann dies erst nach dieser Zeitspanne bemerkt und mit einem verkleinerten Stellgrad reagiert werden. Ist dieser dann allerdings zu klein, muss er – wieder erst nach Ablauf der Totzeit – vergrößert werden und ist dann vielleicht wieder zu groß.

Totzeitbehaftete Systeme neigen immer zu Schwingungen.

Totzeiten lassen sich nur mit sehr komplexen Reglerentwürfen wirklich kompensieren. Es gilt daher, schon bei der Konzeption und Konstruktion der Regelstrecke Totzeiten möglichst zu vermeiden. Dies kann in vielen Fällen schon durch eine geschickte Anordnung des Sensors und der Stellgrößeneinspeisung erreicht werden. *Wärme- und Strömungswiderstände* sollten *vermieden* oder auf ein Minimum reduziert werden. Eine Sensoranordnung an einer Stelle im Prozess, an der eine Mittelwertbildung des Prozesszustandes stattfindet, unter *Vermeidung von Toträumen, Wärmewiderständen, Reibung* etc., ist immer anzustreben.

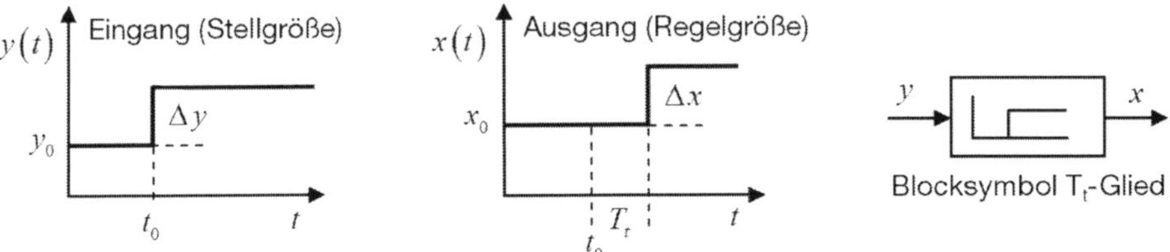

Abb. 46: Sprungantwort einer Strecke mit Totzeit

Beispiel 26

Ein Beispiel für Strecken mit Totzeit sind Druckregelungen mit langen Gasleitungen. Wegen der Kompressibilität des Gases wird eine gewisse Zeitspanne benötigt, bis sich eine Druckänderung ausgebreitet hat. Flüssigkeitsgefüllte Rohrleitungen dagegen sind nahezu totzeitfrei, da sich hier eine Druckstörung mit Schallgeschwindigkeit ausbreitet. In der Elektrotechnik wirken sich auch Schaltzeiten von Relais und die Ausbreitungsgeschwindigkeit von Signalen als Verzögerung aus. Jede Signalwandlung und -übertragung, sei es D/A-, A/D-, U/f- oder f/U-Wandlung, bringt eine Totzeit mit sich.

Die Laufzeit von Stellgliedern (z. B. die Schaltzeiten von Schützen oder das Spiel zwischen Antriebselementen) wirkt ebenfalls verzögernd. Totzeiten entstehen im Prozess häufig durch die Elemente des Regelkreises.

Ein weiteres Beispiel für eine Strecke mit Totzeit ist Verstellung der Fördermengen bei einem Transportband. Wird über den Stellschieber die Schüttgutmenge auf das Transportband erhöht, so ändert sich das am Einbauort des Sensors gemessene Volumen erst nach einer gewissen Laufzeit, die abhängig von der Bandlänge und der Bandgeschwindigkeit ist. Aus diesem Beispiel lässt sich schließen, dass überall dort Totzeiten auftreten, wo die Messwerterfassung der Regelgröße örtlich getrennt ist von ihrer physikalischen Beeinflussung, also auch bei Mischvorgängen der Verfahrenstechnik.

5.4.3 PT_1-Strecke (Verzögerungsglied erster Ordnung)

Bei Strecken *mit Verzögerung ändert* sich nach einer sprunghaften Änderung des Eingangs der Ausgang kontinuierlich und strebt einem *Endwert* zu. Die Übergangsfunktion derartiger Systeme wird durch die Anzahl der vorhandenen **Energiespeicher** bestimmt, die durch Widerstände voneinander getrennt sind. Man spricht auch von der Anzahl der Verzögerungen oder Zeitglieder, die ein Prozess besitzt. Mathematisch lassen sich derartige Strecken durch eine Differenzialgleichung beschreiben, deren höchste Ableitung der Anzahl von Energiespeichern entspricht. Wegen dieses Zusammenhangs werden derartige Strecken als Strecken erster, zweiter, dritter usw. Ordnung bezeichnet. Es kann sich hierbei um Strecken mit oder ohne Ausgleich handeln, die auch totzeitbehaftet sein können.

Bei einer Regelstrecke mit *einer* Verzögerung, d. h. *einem* vorhandenen *Energiespeicher*, ändert sich die Regelgröße bei einer sprungweisen Stellgrößenänderung sofort und ohne Verzögerung mit einer bestimmten Anfangsgeschwindigkeit, und strebt dann immer langsamer dem Endwert zu.

Kennwerte sind der **Übertragungsbeiwert** K_S und die **Zeitkonstante** T_1.

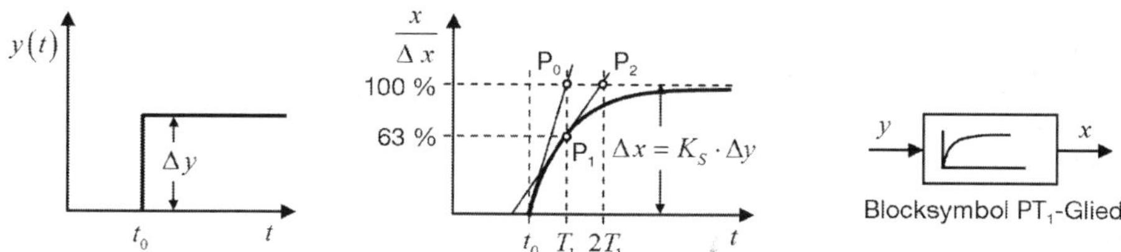

Abb. 47: Strecke erster Ordnung (PT_1-Strecke)

Die Streckenverstärkung K_S und die Zeitkonstante T_1 lassen sich grafisch aus der Übergangskurve bestimmen.

K_S ist das Verhältnis von stationärem Endwert der Übergangskurve Δx zur Stellgrößenänderung Δy.

$$K_S = \frac{\Delta x}{\Delta y}$$

Der Übergang auf den neuen Beharrungswert nach einer sprunghaften Änderung der Stellgröße erfolgt nach einer **e-Funktion** (Exponentialfunktion).

Für den Endwert $\Delta\, x$ der Regelgröße als Funktion der Zeit t gilt folgender Zusammenhang:

$$\Delta x(t) = K_S \cdot \Delta\, y \cdot \left(1 - e^{-\frac{t}{T_1}}\right)$$

Die Zeitkonstante T_1 kann nach zwei verschiedenen Methoden grafisch aus der Sprungantwort ermittelt werden.

1. Methode

Die Tangente im Anfangspunkt t_0 der Übergangskurve schneidet deren Endwert bei T_1 (siehe Abb. 47, Punkt P_0).

2. Methode

Die Tangente an einem Punkt P_1 der Übergangskurve, an dem die Kurve 63 % des Endwertes erreicht, schneidet deren Endwert beim Punkt P_2. Der Abschnitt von P_1 bis P_2 auf der Zeitachse entspricht T_1. Ebenso entspricht der Abschnitt von t_0 bis P_1 auf der Zeitachse der Zeitkonstanten T_1.

Handelt es sich um eine Strecke mit Ausgleich, so bezeichnet man sie als PT_1-Strecke, bei Strecken ohne Ausgleich als IT_1-Strecke. Regelstrecken mit einer Verzögerung (1. Ordnung) kommen sehr häufig vor.

Beispiel 27

Beispiele für PT_1-Regelstrecken sind:

- Aufheizen und Abkühlung eines Warmwasserbehälters.
- Füllen eines Behälters über ein Drosselventil oder eine enge Leitung mit Luft oder Gas.
- Laden oder Entladen eines Kondensators über einen Widerstand (RC-Glied) mit einer sprunghaften Gleichspannung.
- Einschalten eines Elektromotors. Seine Drehzahl springt nicht sofort auf den Endwert, sondern läuft infolge seiner Massenträgheit nach einer bestimmten Kurve hoch und nähert sich dem Endwert.

5.4.4 PT_2-Strecke (Verzögerungsglied zweiter Ordnung)

Eine Regelstrecke mit Ausgleich und *zwei* Verzögerungen hat *zwei Energiespeicher*. Können die Energiespeicher wechselseitig Energie austauschen, so kann eine Eigenschwingung der Strecke auftreten. Ein wechselseitiger Energieaustausch findet z. B. bei einem elektrischen Schwingkreis zwischen Kondensator und Spule statt. In der Realität ist der Schwingkreis durch einen (immer vorhandenen) Widerstand gedämpft. Gilt für die Dämpfung $0 < D < 1$, so erfolgt das Einlaufen in den stationären Endwert mit einer Schwingung, deren Amplitude exponentiell abnimmt und die umso länger dauert und umso höhere Amplituden hat, je geringer die Dämpfung ist. Im Falle $D \geq 1$ verläuft der Kurvenzug asymptotisch (ohne Schwingung) gegen den Endwert.

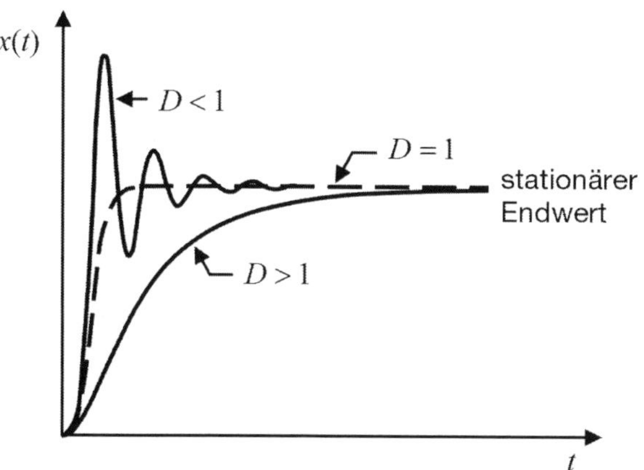

Abb. 48: Übertragungsverhalten eines PT_2-Gliedes mit verschiedenen Dämpfungen

Sind die Speicher rückwirkungsfrei (voneinander entkoppelt), so tritt keine Schwingung auf, die Strecke hat eine Dämpfung $D > 1$. Dieser Fall ist typisch für die Verfahrenstechnik und wird näher betrachtet.

Die Regelgröße einer nicht schwingungsfähigen PT_2-Strecke verläuft als Sprungantwort mit einer waagerechten Tangente am Startpunkt und steigt kontinuierlich an. Sie besitzt einen **Wendepunkt**, bei dem sich die Kurvenkrümmung von einer Linkskrümmung in eine Rechtskrümmung ändert.

Kennwerte sind der **Übertragungsbeiwert** $\boldsymbol{K_S}$, die **Verzugszeit** $\boldsymbol{T_u}$ und die **Ausgleichszeit** $\boldsymbol{T_g}$.

Der Übertragungsbeiwert (Verstärkungsfaktor) K_S ergibt sich aus:

$$K_S = \frac{\Delta x}{\Delta y} = \frac{x(\infty)}{y_0}$$

mit y_0 = Höhe der Sprungfunktion

T_u und T_g werden, wie in Abb. 49 gezeigt, mit dem **Wendetangentenverfahren** grafisch aus der Sprungantwort ermittelt. Aus der Tangente im Wendepunkt und ihren beiden Schnittpunkten mit der Zeitachse und der Geraden des stationären Endwertes ergeben sich die Verzugszeit T_u und die Ausgleichszeit T_g.

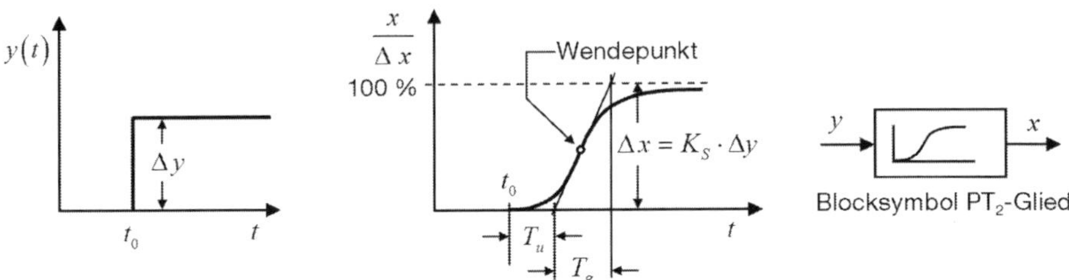

Abb. 49: Strecke 2. Ordnung (PT_2-Strecke)

Eine nicht schwingungsfähige PT_2-Strecke (Dämpfung $D > 1$) kann durch eine Reihenschaltung zweier PT_1-Strecken ersetzt werden. Diese Zusammensetzung ist aus folgender Summe für den Endwert Δx der Regelgröße ersichtlich, die sich für einen Sprung Δy und $T_1 \neq T_2$ ergibt:

$$\Delta x = K_S \cdot \Delta y \cdot \left(1 - \frac{T_1}{T_1 - T_2} \cdot e^{-\frac{t}{T_1}} + \frac{T_2}{T_1 - T_2} \cdot e^{-\frac{t}{T_2}} \right)$$

T_1 = Zeitkonstante der ersten Strecke, T_2 = Zeitkonstante der zweiten Strecke

Beispiel 28

Beispiele für PT_2-Regelstrecken sind:

- Füllen zweier in Reihe liegender Behälter über Drosselstellen mit Luft oder Gas
- Feder-Masse-System mit Dämpfung
- RLC-Schwingkreis
- Temperaturanstieg in einem beheizten Warmwasserbehälter, bei dem das Thermometer in einer Schutzhülse sitzt.

5.4.5 pT$_n$-Strecke (Verzögerungsglied n-ter Ordnung)

Liegen mehr als zwei Energiespeicher vor, so besitzt die Strecke eine höhere Ordnung, die der Anzahl der Speicher entspricht. Der Charakter der Übergangsfunktion höherer Ordnung ändert sich gegenüber der Übergangsfunktion 2. Ordnung nicht wesentlich, der Verlauf ist **ebenfalls S-förmig** mit einem Wendepunkt. Allerdings wird der **Kurvenanstieg immer steiler** und **immer stärker verzögert**. Liegen sehr viele Zeitglieder vor, so nähert sich der Kurvenverlauf einer reinen Totzeit.

Die genaue Ordnungszahl der Strecke ist in der Praxis nicht von sehr großer Bedeutung, wenn die einzelnen Verzögerungszeiten nicht gleich groß sind. Für die regelungstechnischen Betrachtungen sind meist die längsten Verzögerungszeiten entscheidend, die den Charakter des Prozesses bestimmen. Somit kann ein Prozess höherer Ordnung z. B. auf einen Prozess zweiter Ordnung zurückgeführt werden.

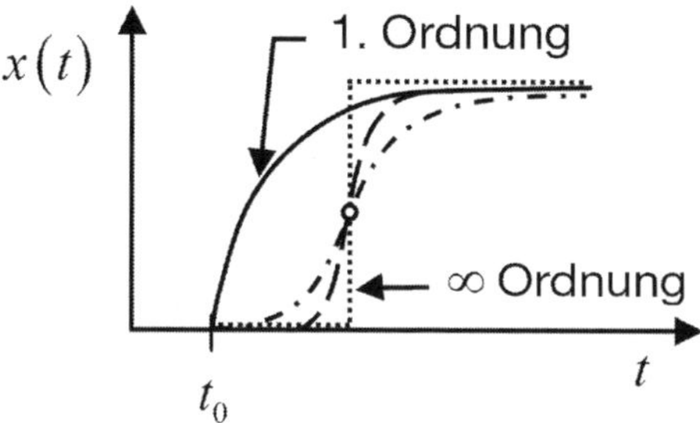

Abb. 50: Sprungantworten von Strecken mit zunehmender Ordnung

5.4.6 Nachbildung einer PT$_n$-Strecke

Zur leichteren Handhabung einer PT$_n$-Strecke kann diese als grobe Näherung auf die *Reihenschaltung von zwei Ersatzstrecken* reduziert werden, einer PT$_1$-Strecke und einer reinen Totzeitstrecke. Diese Ersatzstrecke wird durch die drei Kenngrößen K_S (Übertragungsbeiwert), T_u (Verzugszeit) und T_g (Ausgleichszeit) beschrieben, die bereits bei der PT$_2$-Strecke betrachtet wurden (siehe Abb. 49). Der Totzeit entspricht die Verzugszeit T_u und der Zeitkonstanten T_1 der PT1-Strecke entspricht die Ausgleichszeit T_g.

Eine nicht schwingungsfähige PT$_n$-Strecke lässt sich auch durch die Reihenschaltung einer entsprechenden Anzahl PT$_1$-Strecken nachbilden. Der Übertragungsbeiwert wird wieder aus der Höhe des Eingangssprungs und dem Endwert der Sprungantwort bestimmt ($K_S = \Delta x / \Delta y$). Die Anzahl n der PT$_1$-Strecken und die ihnen gemeinsame Zeitkonstante T_1 kann nach verschiedenen Methoden experimentell ermittelt werden.

5.4.6.1 Wendetangenten-Methode

Man nimmt die Sprungantwort auf, legt die Wendetangente an und bestimmt T_u und T_g (siehe Abb. 51). Aus Tabelle 1 wird die Anzahl n der PT_1-Strecken entnommen, wenn das Verhältnis T_u/T_g in der Nähe eines darin aufgeführten Wertes liegt. Ist dies nicht der Fall, so liegt kein System mit n gleichen Zeitkonstanten vor. Die gemeinsame Zeitkonstante T_1 wird entsprechend des n-Wertes aus T_g/T_1 oder T_u/T_1 ermittelt.

n	T_u/T_g	T_g/T_1	T_u/T_1
2	0,104	2,718	0,282
3	0,218	3,695	0,805
4	0,319	4,463	1,425
5	0,410	5,119	2,100
6	0,493	5,699	2,811
7	0,570	6,226	3,549
8	0,642	6,711	4,307
9	0,709	7,164	5,081
10	0,773	7,590	5,869

Tabelle 1: Zeitverhältnisse für das Wendetangentenverfahren mit gleichen Zeitkonstanten

Beispiel 29

Für $T_u/T_g = 0,213$ ist $n = 3$ und somit $T_g/T_1 = 3,695$ bzw. $T_1 = T_g/3,695$ (mit bekanntem T_g).

Wegen zeichnerischer Ungenauigkeiten können bei dieser Methode große Fehler auftreten. Das Bestimmen des Wendepunktes und das Anlegen der Tangente unterliegen stark subjektiven Einschätzungen. Die Konstruktion ist daher oft nicht hinreichend genau. Anstelle der Wendetangenten-Methode benutzt man deshalb zur Streckenidentifikation häufig die Zeitprozentkennwert-Methode, die im Allg. zu besseren Ergebnissen führt.

5.4.6.2 Zeitprozentkennwert-Methode

Das Zeitprozentkennwert-Verfahren wird für Strecken mit Ausgleich und Verzögerung höherer Ordnung angewandt.

Die Ordinate (senkrechte Achse) der gemessenen Sprungantwort wird in die Schritte 10 %, 30 %, 50 %, 70 % und 90 % unterteilt. Zu den zugehörigen Funktionswerten werden die Werte auf der Zeitachse eingetragen als t_1, t_3, t_5, t_7 und t_9.

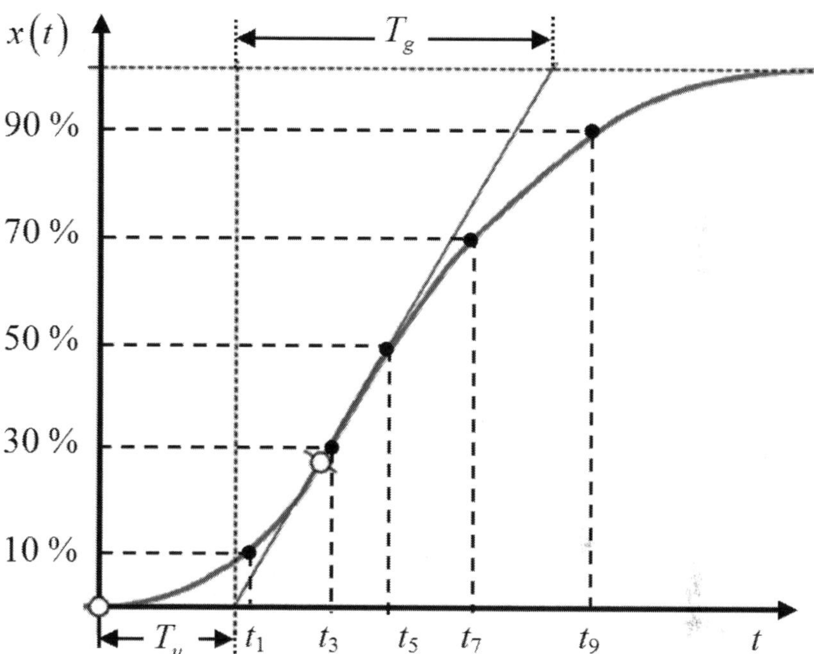

Abb. 51: Zum Zeitprozentkennwert-Verfahren

Es werden die Verhältnisse t_1/t_3, t_1/t_5, t_1/t_7, t_1/t_9, t_3/t_5 und t_3/t_7 gebildet. Diese Werte werden als **Zeitprozentkennwerte** bezeichnet. Alle diese Verhältniswerte müssen in der in Abb. 52 links dargestellten Kurvenschar die gleiche Anzahl n von PT$_1$-Strecken ergeben (*senkrecht übereinander liegende Punkte*). Aus Abb. 52 rechts sind für das gewonnene n mehrere t_i/T_1-Werte und damit T_1-Werte ablesbar, die für ein endgültiges Ergebnis gemittelt werden.

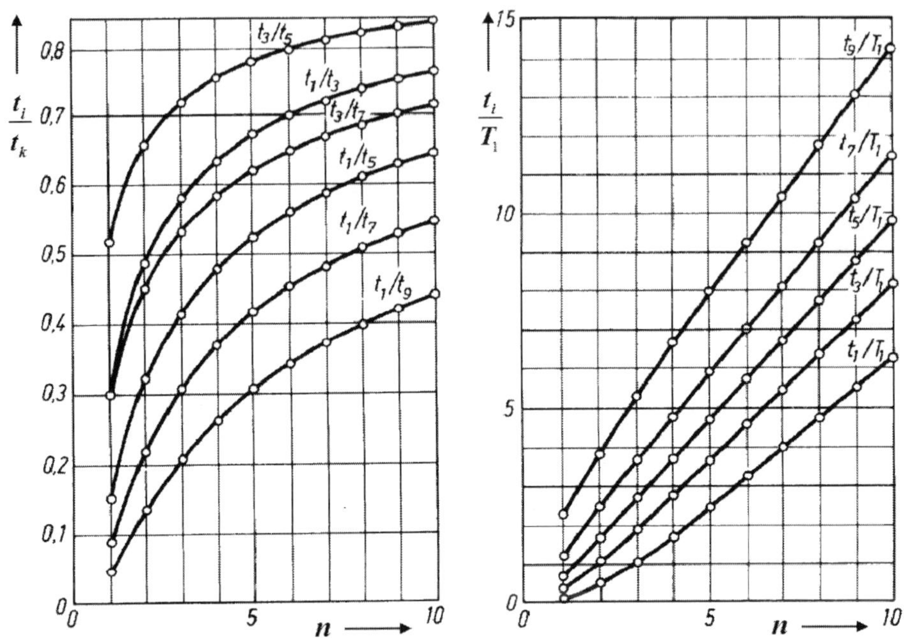

Abb. 52: Kurven der Zeitprozentkennwert-Verhältnisse zur Ermittlung von n bei gegebenem t_i/t_k (links) und Grafik zur Bestimmung von T_1 für ein ermitteltes n (rechts)

Statt der Kurven in Abb. 52 können auch Tabelle 2 und Tabelle 3 verwendet werden.

n	t_1/t_9	t_1/t_7	t_1/t_5	t_1/t_3	t_3/t_7	t_3/t_5
1	0,05	0,09	0,15	0,30	0,30	0,52
2	0,14	0,22	0,32	0,48	0,45	0,65
3	0,21	0,31	0,41	0,58	0,53	0,72
4	0,26	0,37	0,48	0,63	0,58	0,75
5	0,30	0,42	0,52	0,67	0,62	0,78
6	0,34	0,45	0,56	0,70	0,65	0,80
7	0,37	0,48	0,58	0,72	0,67	0,81
8	0,40	0,51	0,61	0,74	0,69	0,82
9	0,42	0,53	0,63	0,75	0,70	0,83
10	0,44	0,55	0,65	0,76	0,71	0,84

Tabelle 2: Zeitprozentkennwert-Verhältnisse

n	t_1/T_1	t_3/T_1	t_5/T_1	t_7/T_1	t_9/T_1
1	0,11	0,36	0,69	1,20	2,30
2	0,53	1,10	1,68	2,44	3,89
3	1,10	1,91	2,67	3,62	5,32
4	1,74	2,76	3,67	4,76	6,68
5	2,43	3,63	4,67	5,89	7,99
6	3,15	4,52	5,67	7,01	9,27
7	3,89	5,41	6,67	8,11	10,5
8	4,66	6,31	7,67	9,21	11,8
9	5,43	7,22	8,67	10,3	13,0
10	6,22	8,13	9,67	11,4	14,2

Tabelle 3: Bestimmung von T_1 für ein ermitteltes n

Beispiel 30

Die Sprungantwort einer $\mathrm{pT_n}$-Strecke wurde gemessen. Zu den Funktionswerten bei $10\ \%$, $30\ \%$, $50\ \%$, $70\ \%$ und $90\ \%$ des Endwertes werden die zugehörigen Zeiten auf der Zeitachse abgelesen: $t_1 = 6{,}4\ \mathrm{s}$, $t_3 = 10{,}9\ \mathrm{s}$, $t_5 = 15{,}4\ \mathrm{s}$, $t_7 = 21{,}3\ \mathrm{s}$, $t_9 = 33{,}0\ \mathrm{s}$. Jetzt wird *ein* Zeitprozentkennwert-Verhältnis gebildet, z. B.:

$\frac{t_1}{t_9} = \frac{6{,}4\ \mathrm{s}}{33{,}0\ \mathrm{s}} = 0{,}194$. Mit diesem Wert von ca. $0{,}2$ auf der senkrechten Achse geht man in Abb. 52 links soweit waagrecht nach rechts, bis man auf die t_1/t_9-Kurve stößt. Geht man von dort senkrecht nach unten, so kann auf der waagrechten Achse abgelesen werden: $n = 3$. Die anderen Zeitprozentkennwert-Verhältnisse werden nicht mehr unbedingt benötigt, können aber zur Kontrolle verwendet werden. Die Vorgehensweise ist die Gleiche wie soeben.

$$\frac{t_1}{t_3} = 0{,}59 \Rightarrow n = 3;\ \frac{t_1}{t_5} = 0{,}42 \Rightarrow n = 3;\ \frac{t_1}{t_7} = 0{,}30 \Rightarrow n = 3;$$

$$\frac{t_3}{t_5} = 0{,}71 \Rightarrow n = 3;\ \frac{t_3}{t_7} = 0{,}51 \Rightarrow n \approx 3$$

Treten bei dieser Bestimmung der Ordnung n Abweichungen auf, so wählt man diejenige Ordnung, die am häufigsten berechnet wurde.

Mit der jetzt bekannten Ordnung $n = 3$ geht man in Abb. 52 rechts und liest die zu t_i/T_1 zugehörigen Werte ab.

$$\frac{t_9}{T_1}=5,2\,;\;\frac{t_7}{T_1}=3,8\,;\;\frac{t_5}{T_1}=2,8\,;\;\frac{t_3}{T_1}=1,9\,;\;\frac{t_1}{T_1}=1,1$$

Daraus ergeben sich etwas unterschiedliche Zeitkonstanten.

$$T_{11}=6,4\text{ s}\,;\;T_{12}=5,6\text{ s}\,;\;T_{13}=5,5\text{ s}\,;\;T_{14}=5,7\text{ s}\,;\;T_{15}=5,8\text{ s}$$

Die gemeinsame Zeitkonstante T_1 ist der arithmetische Mittelwert:

$$T_1=\frac{6,4\text{ s}+5,6\text{ s}+5,5\text{ s}+5,7\text{ s}+5,8\text{ s}}{5}\,;\;\underline{\underline{T_1=5,8\text{ s}}}$$

5.4.7 Regelbarkeit von Strecken höherer Ordnung

Mit wachsender Ordnung ist eine Strecke immer schwieriger zu regeln, da sie sich in ihrem Verhalten immer mehr einem System mit Totzeit nähert. Es ist auch eine Kombination mit einer reinen Totzeit möglich, dies verschlechtert die Regelbarkeit noch weiter. Je *unterschiedlicher* die Zeitkonstanten der einzelnen Streckenteile sind, desto *günstiger* ist dies für die Regelbarkeit. Wie unter 5.4.5 erwähnt, ist dann die Strecke mit der längsten Verzögerungszeit bestimmend für den Prozess. Der ungünstigste Fall tritt dann ein, wenn alle Zeitkonstanten den gleichen Wert aufweisen.

Das Verhältnis T_g/T_u gibt Auskunft über die Regelbarkeit der Strecke:

- $T_g/T_u>10$: Strecke ist gut regelbar (T_g soll groß, T_u soll klein sein).
- $T_g/T_u=10\ldots3$: Strecke ist mäßig regelbar.
- $T_g/T_u<3$: Strecke ist schlecht regelbar.

Je kleiner das Verhältnis der Ausgleichszeit T_g zur Verzugszeit T_u ist, desto später bekommt der Regler eine Mitteilung von einer Stellgrößenänderung, daher nimmt die Regelbarkeit immer mehr ab. Ein kleines Verhältnis T_g zu T_u entspricht einem steilen Verlauf der Übergangskurve (einer Strecke höherer Ordnung), die wegen der Neigung zum Überschwingen schwer regelbar ist.

Mit anderen Worten: Je größer das Verhältnis T_g/T_u ist, desto geringer ist die vorübergehende Regeldifferenz. Bei großer Verzugszeit T_u dauert es lange, bis der Regler zu wirken beginnt, es kann sich eine hohe Regeldifferenz aufbauen. Bei langer Ausgleichszeit T_g hingegen steigt die Regeldifferenz nicht so steil an, die vorübergehende Regeldifferenz wird nicht so groß.

Die Regelbarkeit einer Strecke lässt sich aus der Sprungantwort grob ableiten. Stellt man fest, dass ein System sehr lange braucht bis es auf eine Anregung reagiert, oder ein und dieselbe Sprunganregung zu unterschiedlichen Reaktionen der Strecke führen, so ist mit Schwierigkeiten bei der Suche nach den Regelparametern zu rechnen. Strecken höherer Ordnung, totzeitbehaftete oder nichtlineare und zeitvariante Strecken können mit einschleifigen Regelkreisen ohne weitere Strukturmaßnahmen nicht optimal geregelt werden.

5.4.8 I-Strecke (Integrierglied)

Die I-Strecke ist eine Regelstrecke *ohne Ausgleich*, sie geht nach einem Sprung der Stellgröße in keine stabile Lage über. Die Sprungantwort strebt also nicht gegen einen festen Endwert, sondern theoretisch gegen Unendlich. In der Praxis sorgen begrenzende Effekte dafür, dass die zu regelnde Größe so lange wächst oder fällt, bis ein bestimmter Grenzwert erreicht ist.

Eine Strecke ohne Ausgleich reagiert auf eine Änderung der Stellgröße oder einer Störung mit einer ständigen, konstanten Veränderung des Istwertes. Eine derartige Regelstrecke tritt z. B. bei der Kursregelung von Flugzeugen auf. Hier vergrößert sich die Istwertabweichung (Kursabweichung) bei einer Stellgrößenänderung (Ruderstellung) proportional zur Zeit, d. h. sie wird mit zunehmender Zeit immer größer.

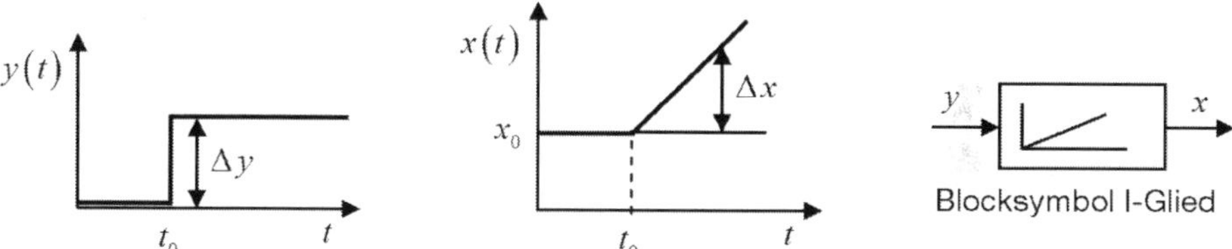

Abb. 53: Strecke ohne Ausgleich, I-Strecke

Wegen des integrierend wirkenden Verhaltens werden solche Strecken als Integral- oder I-Strecken bezeichnet. Bei einer solchen Strecke wächst bei einer sprunghaften Änderung der Stellgröße um Δy die Regelgröße x proportional mit der Zeit an. Wird die Änderung der Stellgröße verdoppelt, so ist auch die Regelgröße nach einer bestimmten Zeit doppelt so groß.

Für $\Delta y = \text{konstant}$ gilt allgemein folgender Zusammenhang: $\boxed{\Delta x = K_I \cdot \Delta y \cdot t}$

K_I in $1/\text{s}$ ist der Übertragungsbeiwert (**Integrationsbeiwert**) der Regelstrecke ohne Ausgleich und ist die **Kenngröße** des Integriergliedes. Die Regelgröße wächst also nicht nur proportional mit der Stellgröße Δy wie bei einer Strecke mit Ausgleich, sondern auch proportional zu der Zeit t.

Regelstrecken ohne Ausgleich fehlt eine Stabilisierung, sie sind daher im Allg. schwieriger zu regeln als Strecken mit Ausgleich. Im Falle eines Überschwingens bei zu starker Stellgrößenänderung durch den Regler kann der zu hohe Istwert nicht durch einen Streckenausgleich abgebaut werden. Denkt man hier an einen zu starken Ruderausschlag bei einer Kurskorrektur eines Flugzeugs, so kann dieser nur durch eine entgegengesetzte Stellgröße korrigiert werden. Hier kann eine zu große Stellgrößenänderung jedoch wieder das Unterschwingen unter den gewünschten Sollwert zur Folge haben. Die Regelung einer solchen Strecke ist somit schwieriger.

Beispiel 31

Das bekannteste Beispiel einer Regelstrecke ohne Ausgleich dürfte ein Flüssigkeitsbehälter sein, der über einen Zulauf und Ablauf verfügt. Das Auslaufventil, welches die Störgröße darstellt, sei geschlossen. Wird nun das Zulaufventil geöffnet und in eine feste Position gebracht, steigt der Füllstand h im Behälter im Laufe der Zeit gleichmäßig an. Der Stand im Behälter steigt umso schneller, je größer die Zulaufmenge pro Zeiteinheit ist. Der Wasserstand steigt so lange, bis der Behälter überläuft. Eine Selbststabilisierung ist hier nicht vorhanden. Auch nach einer Störung, z. B. bei Einbeziehung des Ablaufes, stellt sich kein neuer Gleichgewichtszustand wie bei einer Regelstrecke mit Ausgleich ein (Ausnahme: Ablauf ≥ Zulauf).

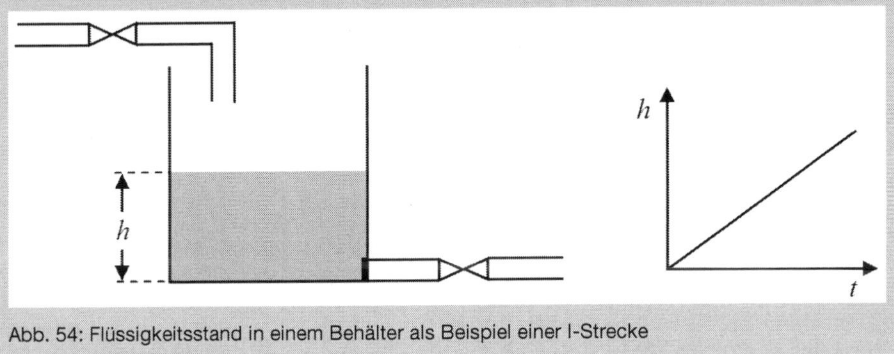

Abb. 54: Flüssigkeitsstand in einem Behälter als Beispiel einer I-Strecke

5.4.9 IT_1-Strecke (Integrierglied mit Verzögerung 1. Ordnung)

I-Strecken mit Verzögerung 1. Ordnung laufen asymptotisch gegen eine um die Zeitkonstante T_1 verschobene Parallele zur Istwert-Geraden bei rein integrierendem Verhalten (ohne Verzögerung).

IT_1-Strecken können wie eine Reihenschaltung von Verzögerungsglied und Integrierer behandelt werden. Die einzelnen Beiwerte können zu einem Gesamtbeiwert zusammengefasst werden.

Beispiel für eine IT_1-Strecke: Realer Vorschubmotor mit PT_1–Verhalten und nachgeschalteter Spindel mit I-Verhalten.

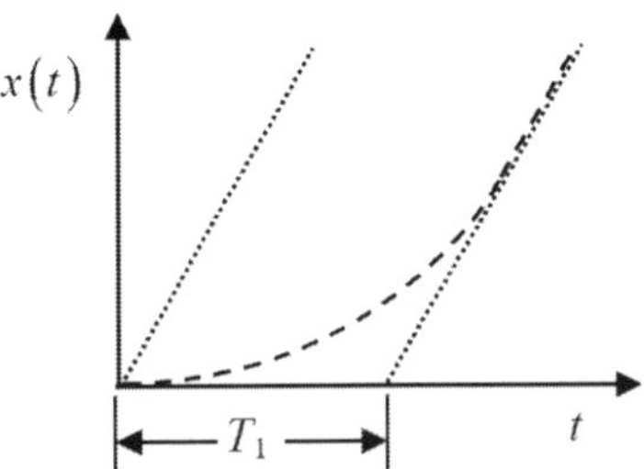

Abb. 55: Übergangsfunktion einer I-Strecke mit Verzögerung 1. Ordnung

6 Regler

6.1 Aufgabe des Reglers, Reglereingriff

Regler bestehen aus einem Vergleichsglied und einem Regelglied. Das Vergleichsglied (Vergleicher) hat die Aufgabe, die Regelgröße x mittels der Rückführgröße r zu erfassen und mit der Führungsgröße w durch Bildung der Regeldifferenz $e = w - r$ zu vergleichen. Das Regelglied bildet aus der Regeldifferenz entsprechend einer Regelfunktion, welche Art und zeitlichen Ablauf des Eingriffs in die Strecke festlegt, ein Reglerausgangssignal y_R als Eingangssignal eines Stellantriebs oder direkt eine Stellgröße y als Eingangssignal eines Stellgliedes. Über das Stellsignal y wird die zu regelnde Strecke so beeinflusst, dass die Regelgröße dem Wert der Führungsgröße entspricht.

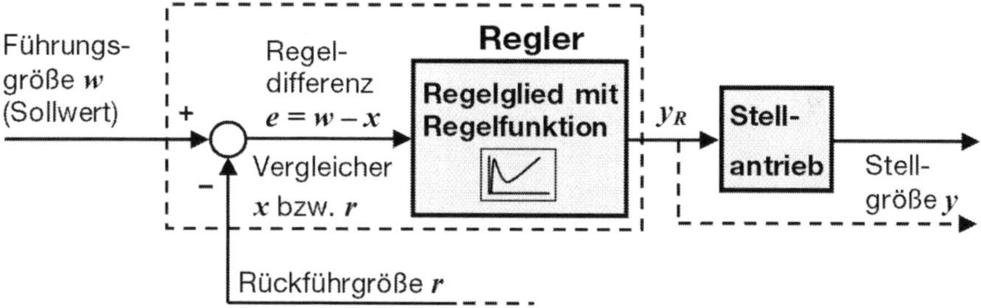

Abb. 56: Komponenten eines Reglers (Ausschnitt aus Abb. 6)

Bezüglich des zeitlichen Ablaufes muss der Regler die Beeinflussung der Strecke so vornehmen, dass die dynamischen Anforderungen des zu regelnden Prozesses möglichst gut erfüllt werden. Der Istwert x sollte den Sollwert w möglichst schnell erreichen und anschließend möglichst wenig um diesen Wert schwanken.

Der Eingriff des Reglers in den Regelkreis wird durch folgende Größen charakterisiert:

- Maximale Überschwingweite $x_{\max}$ = größter Betrag der Regelabweichung
- Anregelzeit T_{an}, die vergeht, bis der Istwert zum ersten Mal den neuen Sollwert w_2 erreicht hat
- Ausregelzeit T_{aus}, ab welcher der Istwert innerhalb eines vereinbarten Toleranzbandes $\pm\Delta x$ bleibt.

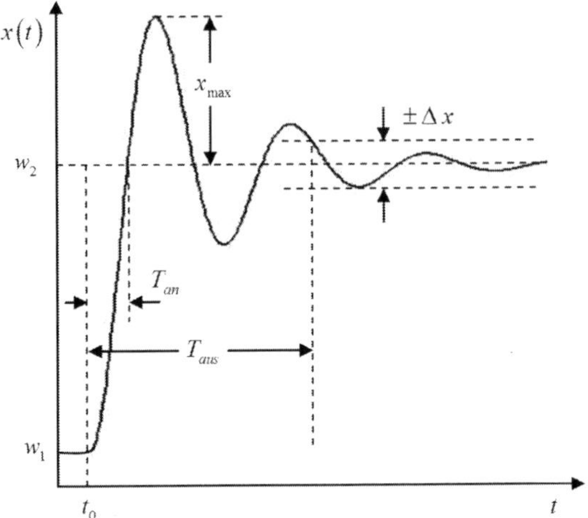

Abb. 57: Charakteristische Größen beim Eingriff eines Reglers, typische Sprungantwort bei einer Strecke mit schwingendem Verhalten und einer Führungssprungerregung zum Zeitpunkt t_0

Zur Beurteilung der **Regelgüte** kann die Überschwingweite $x_{\max}$, die Ausregelzeit T_{aus} und die Anregelzeit T_{an} herangezogen werden. Diese Größen sind in Abb. 57 für eine sprungförmige Änderung des Sollwertes dargestellt. Die Definitionen gelten jedoch sinngemäß auch bei einer Störgrößenänderung, welche meist am Anfang der Regelstrecke angenommen wird. Falls es eine bleibende Regelabweichung gibt, beeinflusst sie ebenfalls die Regelgüte.

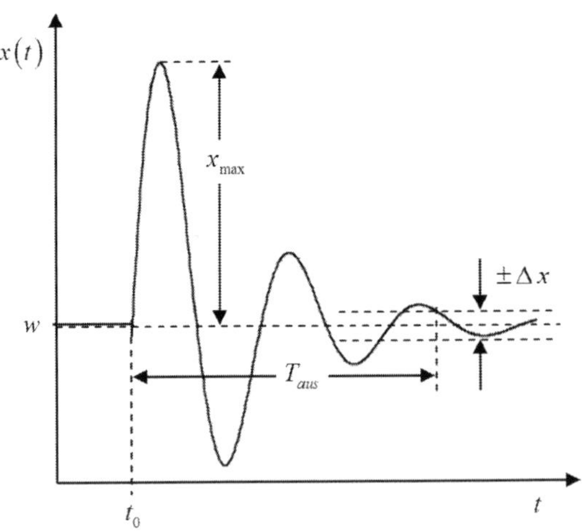

Abb. 58: Typische Sprungantwort bei einer Strecke mit schwingendem Verhalten und einer Störungssprungerregung zum Zeitpunkt t_0

Während des Übergangs von einem Beharrungszustand in einen neuen ist nach einer Änderung der Führungs- oder Störgröße die Überschwingweite $x_{\max}$ die größte momentane Abweichung der Regelgröße vom Sollwert. Um An- und Ausregelzeit bestimmen zu können muss festgelegt werden, zu welchem Zeitpunkt ein Regelvorgang als beendet anzusehen ist. Dazu wird ein Toleranzbereich $\pm\Delta x$ der Regelgröße festgelegt. Dieser Toleranzbereich wird meist in Prozent (typisch 2 % oder 5 %) vom Sollwerteinstellbereich angegeben. Die Zeitspanne, die nach einer sprunghaften Änderung vergeht, bis die Regelgröße x in diesen Toleranzbereich erstmalig eintritt, ist die Anregelzeit T_{an}. Die Ausregelzeit T_{aus} endet, wenn x diesen Toleranzbereich bei seinen Schwingungen nicht mehr verlässt. Eine gute Reglereinstellung zeichnet sich durch kurze An- und Ausregelzeit, sowie eine kleine Überschwingweite aus. Oft bewirkt jedoch ein kleines $x_{\max}$ große T_{an} und T_{aus} und umgekehrt.

Die maximale Überschwingweite $x_{\max}$ und die Ausregelzeit T_{aus} sind im Wesentlichen für die *Dämpfung* des geschlossenen Regelkreises kennzeichnend. Die Anregelzeit T_{an} ist dagegen für die *Schnelligkeit* charakteristisch.

Der Reglereingriff ist beendet (der Regler hat „ausgeregelt"), wenn der Prozess mit einem konstanten Stellgrad gefahren wird, sich die Regelgröße innerhalb der vereinbarten Toleranzgrenze $\pm\Delta x$ bewegt, oder die Regelgröße den Wert einer bleibenden Regelabweichung angenommen hat.

Idealerweise ist die Überschwingweite null. Wie erwähnt, lässt sich dies meist nicht mit einer kurzen Ausregelzeit vereinbaren. Bei Prozessen wie z. B. Drehzahlregelungen ist eine kurze Ausregelzeit wichtig, ein leichtes Überschwingen über den Sollwert kann dabei hingenommen werden. Andere Prozesse dagegen, wie bei kunststoffverarbeitenden Maschinen, sind gegenüber Temperaturüberschreitungen empfindlich, da diese leicht das Werkzeug oder das Verarbeitungsmaterial zerstören können.

6.2 Arten von Reglern

Für eine Klassifizierung von Regelgliedern können die unterschiedlichen Weisen der Realisierung herangezogen werden. So kann die Stellgröße y zum Beispiel

- mechanisch oder elektrisch,
- analog oder digital,
- mit oder ohne Hilfsenergie

aus der Regeldifferenz e gebildet werden. Obwohl diese Unterschiede die Reglerauswahl wesentlich mit entscheiden, bleibt das regelungstechnische Verhalten von diesen Merkmalen fast unbeeinflusst. Das Regelverhalten hängt in erster Linie vom *Verlauf* der Stellgröße ab. Das dynamische Übertragungsverhalten der Regler bestimmt, in welcher Weise aus einer Regeldifferenz $e(t)$ die Stellgröße $y(t)$ berechnet wird. Man klassifiziert Regler deshalb anhand des Verlaufes ihres Stellsignals. Das Übertragungsverhalten stetiger Regelglieder weist zumeist proportionales (P-), integrales (I-) oder differenziales (D-) Verhalten auf oder setzt sich aus der Summe dieser Einzelelemente zusammen.

Für eine erste Einteilung wird zunächst das Stellsignal betrachtet. Je nach Art der möglichen Stellgrößenänderung werden *stetige* und *unstetige* Regler unterschieden. Beide Gruppen lassen sich wiederum in Regler *mit* und *ohne Hilfsenergie* unterteilen.

6.2.1 Regler mit und ohne Hilfsenergie

Jeder Regler bzw. jedes Stellglied verrichtet Arbeit und benötigt dafür Energie. Einem Stellsignal eines Reglers muss eventuell Energie über einen Verstärker zugeführt werden, um für die Beeinflussung der erweiterten Regelstrecke genug Leistung zu besitzen. Wird diese Energie in pneumatischer, elektrischer oder hydraulischer Form von außen zugeführt, spricht man von einem Regler mit Hilfsenergie.

Ist am Einbauort kein Energieträger verfügbar, dann bietet sich der Einsatz von Reglern ohne Hilfsenergie an. Diese entnehmen die Energie, die sie zur Verstellung des Stellgliedes benötigen, der Regelstrecke. Dabei kann z. B. die Vergleichseinrichtung einer Regeleinrichtung ausreichend viel Energie zur Betätigung der Stelleinrichtung liefern. Diese preiswerten und robusten Regler werden vielfach für Druck-, Differenzdruck-, Durchfluss- und Temperaturregelungen eingesetzt. Sie können verwendet werden, wenn Mess- und Stellort nah beieinander liegen oder kleinere, durch die Energieentnahme bedingte Regelabweichungen akzeptiert werden können.

6.2.2 Stetige Regler

Bei einem stetigen Regler kann die Stellgröße y innerhalb des Stellbereiches y_H jeden beliebigen Wert innerhalb des zur Verfügung stehenden Wertebereiches annehmen, somit ist eine feine Einstellung der Stellgröße zwischen 0 und 100 % des Stellbereiches möglich. Stetige Regler sind also in der Lage, in Abhängigkeit der Regeldifferenz $e(t)$ als kontinuierliches, analoges Eingangssignal jede beliebige Stellgröße $y(t)$ als kontinuierliches, analoges Stellsignal in dem verfügbaren Wertebereich einzustellen. Das Stellsignal liegt oft im Bereich $0 \ldots 20\ \mathrm{mA}$, $4 \ldots 20\ \mathrm{mA}$ oder $0 \ldots 10\ \mathrm{V}$, mit ihm werden z. B. Stellantriebe, Stellventile oder Thyristorsteller angesteuert.

Durch die fein dosierbare Einstellung der Stellgröße ist in vielen Fällen eine gute Regelgenauigkeit mit $e \approx 0$ möglich. Dies hängt allerdings entscheidend von der gut abgestimmten Kombination Regler - Regelstrecke ab. Dabei wird die Genauigkeit grundsätzlich durch die Genauigkeit des schlechtesten Gliedes im Regelkreis bestimmt. Um bei stetigen Reglern die Feinstufigkeit der Reglerstellgröße für die Regelstrecke nutzbar zu machen, muss natürlich auch das Stellglied feinstufig verstellbar sein, damit es stetig in den Streckenprozess eingreift.

6.2.3 Unstetige Regler

Ein unstetiger Regler erzeugt als Reaktion auf ein kontinuierliches, analoges Eingangssignal nur eine beschränkte Anzahl von (diskreten) Stellwerten für die Regelstrecke. Bei unstetigen oder schaltenden Reglern ist die Stellgröße y somit nur in groben Stufen verstellbar, sie kann z. B. nur zwei oder drei verschiedene Werte annehmen. Je nachdem, wie viele verschiedene Zustände die Stellgröße einnehmen kann, unterscheidet man zwischen Zwei-, Drei- oder Mehrpunktreglern.

Zweipunktregler

Ein Zweipunktregler kann an seinem Ausgang nur die Zustände „Aus“ und „Ein“ einstellen, d. h., sein Ausgang kann z. B. aus einem schaltenden Kontakt bestehen, der das Stellglied (z. B. Heizwiderstände) entweder vollständig ein- oder vollständig ausschaltet. Dieses Verhalten bezeichnet man als unstetig oder diskontinuierlich. Bei einem stetigen Eingangssignal ist der Reglerausgang unstetig. Einsatzgebiete sind z. B. Temperaturregelungen, wo die Heizung oder Kühlung lediglich ein- bzw. ausgeschaltet wird.

Dreipunktregler

Dreipunktregler mit zwei schaltenden Reglerausgängen entsprechen den Zweipunktreglern, besitzen jedoch zwei Stellgrößenausgänge. Sie ermöglichen Regelungen wie Heizen/Kühlen oder Be-/Entfeuchten.

Bei schaltenden Reglern ist natürlich auch kein stufenlos verstellbares Stellglied nötig, da sowieso nur zwei oder drei Schaltzustände möglich sind. Man kann sehr einfache, schaltende Stelleinrichtungen in kostengünstiger Ausführung verwenden. Relais und Schützen als Stellglieder ergeben eine hohe Leistungsverstärkung bei geringem materiellen und finanziellen Aufwand. Enthält die Strecke Energiespeicher, so verläuft die Regelgröße trotz der Stellgrößensprünge nahezu stetig. Sind die zugehörigen Zeitkonstanten groß genug, dann erreicht man auch mit unstetigen Reglern und einfachen Stelleinrichtungen gute Regelergebnisse bei kleinen Regeldifferenzen.

Stetig-ähnliche Regler mit einem schaltenden Reglerausgang

Bei einem solchen Regler zeigt der über ein bestimmtes Zeitintervall gebildete Mittelwert der Reglerausgangsgröße ungefähr denselben zeitlichen Verlauf wie bei einem stetigen Regler. Einsatzgebiete sind z. B. Temperaturregelungen (Heizen oder Kühlen) mit höheren Anforderungen an die Regelgüte. Stetig-ähnliche Regler lassen sich z. B. aufbauen, indem man einen stetigen Regler am Ausgang um eine Schaltstufe erweitert, das stetige Ausgangssignal wird somit in Schaltfolgen umgewandelt. Für diese Regler lassen sich ebenfalls P-, PD-, I-, PI- und PID-Verhalten realisieren. Diese Regler mit einem Ausgang werden in der Praxis auch als Zweipunktregler bezeichnet.

Stetig-ähnliche Regler mit zwei schaltenden Reglerausgängen

Diese Regler können einen Prozess in gegensätzlichen Richtungen beeinflussen (beispielsweise Heizen/Kühlen oder Be-/Entfeuchten). Auch diese Regler erreichen durch Takten der schaltenden Ausgänge ein quasistetiges Verhalten. In der Praxis bezeichnet man alle Regler, die mit zwei Ausgängen einen Prozess in entgegengesetzte Richtungen beeinflussen, als Dreipunktregler. Dabei müssen die Ausgänge nicht schaltend, sondern können auch stetig ausgeführt sein.

Dreipunktschrittregler

Dreipunktschrittregler besitzen zwei schaltende Reglerausgänge und sind speziell für motorgetriebene Stellantriebe ausgelegt, mit denen z. B. eine Stellklappe in die Stellungen „Auf" und „Zu" gefahren werden kann.

6.2.4 Unterscheidung nach mechanischem Aufbau

Kompaktregler (Prozessregler) enthalten alle erforderlichen Komponenten (z. B. Anzeige, Tastatur, Eingabe für die Führungsgröße etc.) und besitzen ein Gehäuse mit einem Netzteil. Die Gehäusemaße sind meist genormt und betragen z. B. 48 mm x 48 mm.

Regler im Aufbaugehäuse werden meist im Inneren von Schaltschränken eingesetzt. Die Bedien- und Anzeigeelemente fehlen meist, da sie dem Bediener normalerweise nicht zugänglich sind.

Einbauregler sind für den Einbau in Baugruppenträgern (19-Zoll-Racks) vorgesehen. Sie besitzen daher nur eine Frontplatte und kein vollständiges Gehäuse.

Platinenregler bestehen z. B. aus einem Mikroprozessor mit entsprechender Peripherie und werden in unterschiedlichen Bauformen eingesetzt. Man findet sie oft in Verbindung mit Prozessleitsystemen und speicherprogrammierbaren Steuerungen. Diesen Baugruppen fehlen ebenfalls Bedien- und Anzeigeelemente, da sie ihre Prozessdaten über Schnittstellen von der zentralen Leitwarte über Softwareprogramme bekommen.

6.2.5 Analoge und digitale Regler

Um den Unterschied zwischen analogen und digitalen Reglern darstellen zu können, werden zunächst die Signale betrachtet, die bei den jeweiligen Reglerarten vorkommen.

Signale

Ein System verarbeitet Eingangssignale und liefert Ausgangssignale. Die *Systemtheorie* beschreibt die Eigenschaften eines Systems und dessen Auswirkungen auf Signale bei ihrer Übertragung oder Verarbeitung durch ein System. Die *Signaltheorie* beschreibt und klassifiziert die Signale.

Allgemein ist ein Signal die physikalische Repräsentation bzw. der Träger einer Nachricht. Ein Signal ist die Darstellung von Information durch den Wert oder Werteverlauf einer physikalischen Größe. Die **physikalische Größe** ist der **Signalträger**. Beispiele: Elektrischer Strom, elektrische Spannung, Schallwelle, Magnetisierung, Schwärzungsgrad. Meist versteht man unter einem Signal den *zeitlichen* Verlauf einer physikalischen Größe, welcher Informationen in sich trägt. Organismen und Systeme unserer Welt stehen miteinander in einem Austausch, sie kommunizieren miteinander. Zur Kommunikation gehören der Austausch von Materie, Energie und Nachrichten. Solche Nachrichten können z. B. akustische Reize (Sprache) sein. Ein Mikrofon wandelt die Sprache in ein sich zeitlich änderndes Signal $x(t)$ um, z. B. in einen elektrischen Strom. Damit ist das Signal $x(t)$ zum Träger der Nachricht geworden. Signale haben normalerweise von der Nachricht abhängige Merkmale (z. B. zeitlicher Verlauf, Signalhöhe durch Lautstärke) und zusätzlich von der Nachricht unabhängige Merkmale (eine physikalische Größe wie Strom, Spannung).

Von der Nachricht abhängige Merkmale eines Signals nennt man **Signalparameter** (Informationsparameter). Der Signalparameter ist das nachrichtenabhängige Merkmal eines Signals und ist derjenige Parameter der physikalischen Größe, der die Information enthält und der eine Funktion der Zeit oder der Ortskoordinaten ist. Der Signalparameter ist also diejenige Kenngröße eines Signals, deren Wert oder Werteverlauf die Nachricht darstellt. Beispiele: Amplitude bei der Amplitudenmodulation, Frequenz bei der Frequenzmodulation, zeitlicher Abstand von Impulsflanken bei der Impulsdauermodulation.

Das **Nutzsignal** ist eindeutig der Nachricht zugeordnet.

Störsignale sind physikalische Größen, welche die Übertragung stören. Beispiele: Rauschen, Nebensprechen, Verzerrungen, Netzbrumm, atmosphärische Störungen. Störsignale sind Signale mit nachrichtenunabhängigen Merkmalen und verfälschen die Form bzw. den zeitlichen Verlauf des Nutzsignals.

Hilfssignale tragen keine Information, können aber für die Funktion des Systems wichtig sein. Beispiel: Trägersignal bei der Amplitudenmodulation.

Ein **Testsignal** (Prüfsignal) ist ein typisches, meist sehr einfaches Signal, das zur Prüfung oder Identifizierung eines Systems dient. Es wird als Eingangssignal einem System zugeführt und die Systemantwort in Form des resultierenden Ausgangssignals (Kennfunktion) gemessen. Testsignale können zur Bestimmung der Systemeigenschaften verwendet werden.

Der **Augenblickswert** (Momentanwert) eines Signals $x(t)$ ist sein Wert zum Zeitpunkt t.

Wertkontinuierliches Signal

Bei einem wertkontinuierlichen Signal kann der Signalparameter (Amplitude) jeden beliebigen Wert innerhalb eines Wertebereiches annehmen. Beispiel: Alle Spannungen zwischen $-10\ \mathrm{V}$ und $+5\ \mathrm{V}$.

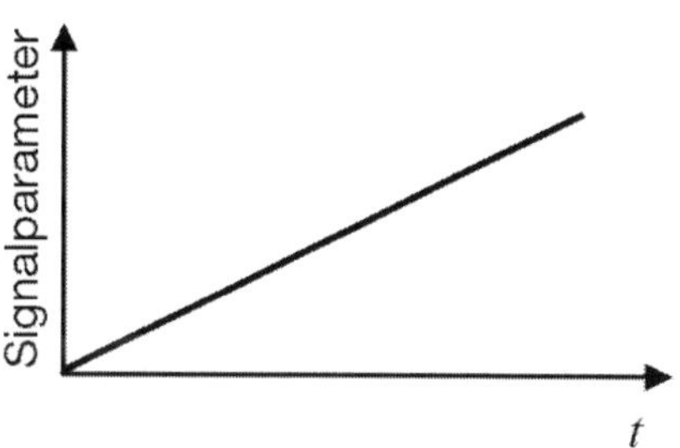

Abb. 59: Beispiel für ein wertkontinuierliches Signal

Zeitkontinuierliches Signal

Bei einem zeitkontinuierlichen Signal ist der Signalparameter für jeden beliebigen Zeitpunkt während der Dauer des Signals definiert. Zeitkontinuierliche Signale werden häufig durch Funktionen $f(t)$ beschrieben.

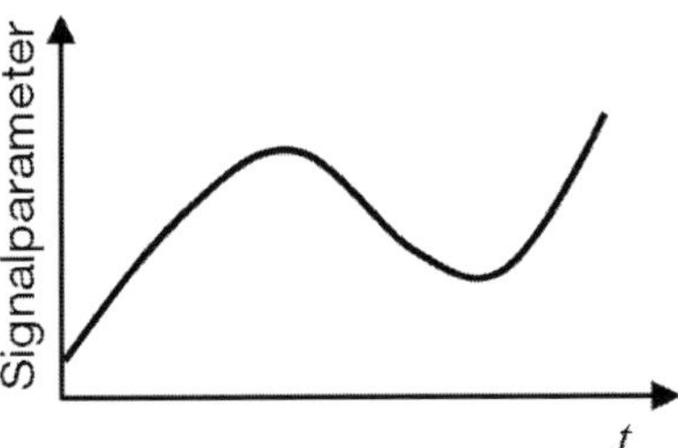

Abb. 60: Beispiel für ein zeitkontinuierliches Signal

Analoge Signale bilden einen kontinuierlichen Vorgang kontinuierlich ab. Es sind wert- und zeitkontinuierliche Signale. Alle physikalischen Größen ändern sich von Natur aus wert- und zeitkontinuierlich (analog). Ihre Verarbeitung erfolgt aber oft zeitlich und/oder wertmäßig quantisiert.

Zeitdiskretes Signal

Bei einem zeitdiskreten Signal ist der Signalparameter nur zu diskreten Zeitpunkten $k \in \mathbb{Z} = \{0, \pm1, \pm2, ...\}$ definiert ($\mathbb{Z}$ = Menge der ganzen Zahlen). Der Signalparameter kann auch nur in vorgegebenen Zeitintervallen definiert sein.

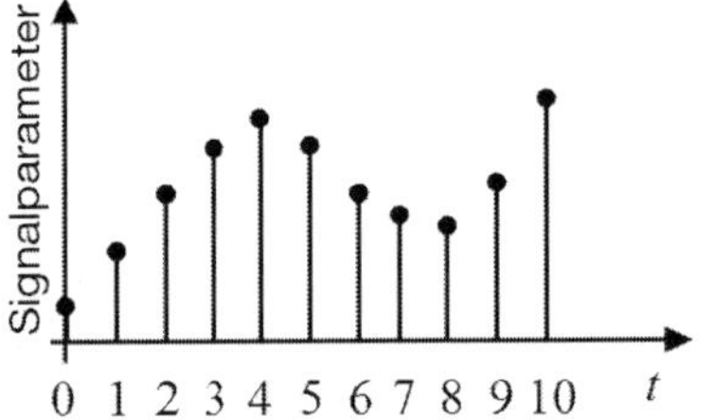

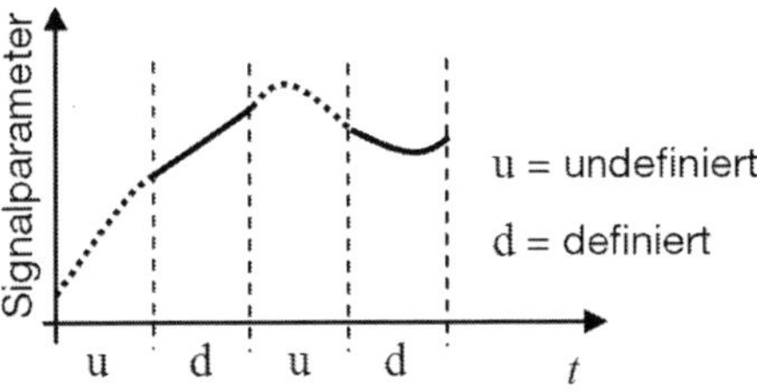

Abb. 61: Beispiele für zeitdiskrete Signale, das linke Signal ist ein zeitdiskretes, aber wertkontinuierliches Signal, das durch Abtastung des Signals in Abb. 60 gewonnen wurde

Ein zeitdiskretes Signal (Abb. 61 links) wird durch eine aus unendlich vielen Elementen bestehende Zahlenfolge $\{f(k)\} = \{..., f(-2), f(-1), f(0), f(1), f(2), ...\}$ beschrieben. Die Argumentvariable k kann ausschließlich ganzzahlige Werte annehmen, es handelt sich bei k um einen diskreten Index. Dieser Index ist diskreten Zeitpunkten $t = t_k,\ t_k < t_{k+1}$ zugeordnet. In der Regel sind diese Zeitpunkte als ganzes Vielfaches einer vorgegebenen Taktperiode „T_A" (als äquidistante Zeitpunkte) definiert. Die Elemente $f(k)$ der Zahlenfolge nennt man dann auch Abtastwerte. Die Konstante T_A

wird als **Abtastzeit** (Abtastperiode) bzw. deren Kehrwert $f_A = 1/T_A$ als Abtastfrequenz bezeichnet. Normalerweise setzt man den Beginn der Abtastung auf den Zeitnullpunkt $t = 0$.

Unter **Abtastung** (Entnahme von Amplitudenwerten zu bestimmten, äquidistanten Zeitpunkten) versteht man den Übergang vom zeitlich kontinuierlichen zum zeitdiskreten Signal.

Wertdiskretes (quantisiertes) Signal

Bei einem wertdiskreten Signal kann der Signalparameter nur bestimmte diskrete (abzählbare) Werte innerhalb eines Wertevorrats annehmen, oder der Signalparameter liegt innerhalb sich nicht überlappender Wertintervalle eines Wertebereichs. Ein n-wertiges Signal hat n relevante Werte bzw. Wertintervalle des Signalparameters. Bei einem quantisierten Signal kann die Amplitude nicht beliebig genau dargestellt werden, sie kann sich nur in Schritten ändern.

Man spricht von **Quantisierung**, wenn die Amplitude eines Signals von einem kontinuierlichen in einen wertdiskreten Zustand übergeführt wird.

Diskrete Signalwerte entstehen aus einem analogen Signal durch Analog-Digital-Wandlung. Ein Analog-Digital-Wandler (**A**nalog-to-**D**igital **C**onverter, ADC) entnimmt aus einem analogen Signal mittels einer Abtastschaltung zu äquidistanten Zeitpunkten Abtastwerte (Messwerte). Der zeitliche Abstand zwischen zwei Abtastwerten ist die Abtastzeit. Es entsteht ein zeitdiskretes Signal, dessen Werte jedoch noch wertkontinuierlich sind. Die Abtastwerte werden in Zahlen umgewandelt. Da die Genauigkeit dieser Umwandlung vom gewählten Zahlenformat mit seinem endlichen Wertevorrat begrenzt wird, entsteht ein wertdiskretes Signal. Die Signalwerte sind in der Regel ein ganzes Vielfaches einer kleinsten Stufe (engl.: **l**east **s**ignificant **b**it, LSB).

Ein Digital-Analog-Wandler (**D**igital-to-**A**nalog **C**onverter, DAC) kann Zahlenwerte wieder in „analoge“ Werte umsetzen, aber nur mit Spannungsstufen entsprechend der Genauigkeit (Auflösung) des DAC.

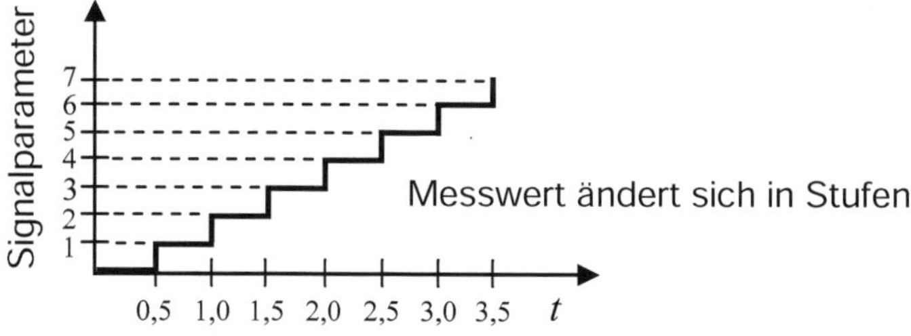

Abb. 62: Beispiel für ein wertdiskretes, aber zeitkontinuierliches Signal

Die vier Signaldarstellungen im Überblick (siehe auch Abb. 63)

1: zeitkontinuierlich, wertkontinuierlich → analoge Schaltungen, z. B. RC-Filter
2: zeitdiskret, wertkontinuierlich → z. B. Ausgang einer Abtastschaltung
3: zeitkontinuierlich, wertdiskret → z. B. Ausgang eines DAC
4: zeitdiskret, wertdiskret → z. B. Ausgang eines ADC

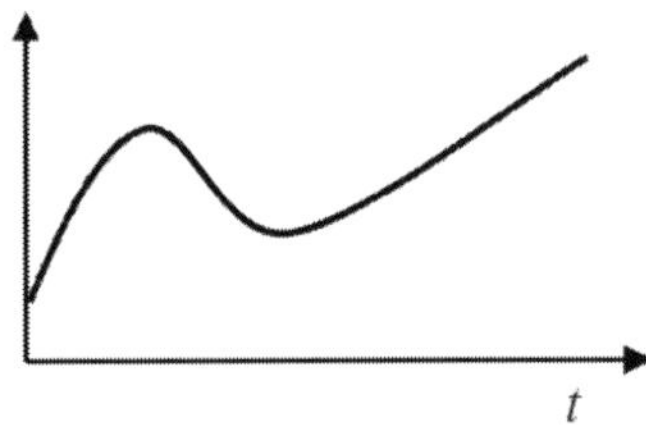

1: zeitkontinuierlich, wertkontinuierlich

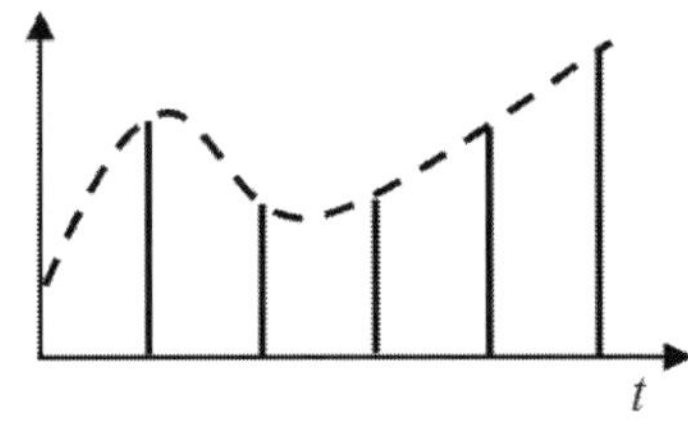

2: zeitdiskret, wertkontinuierlich

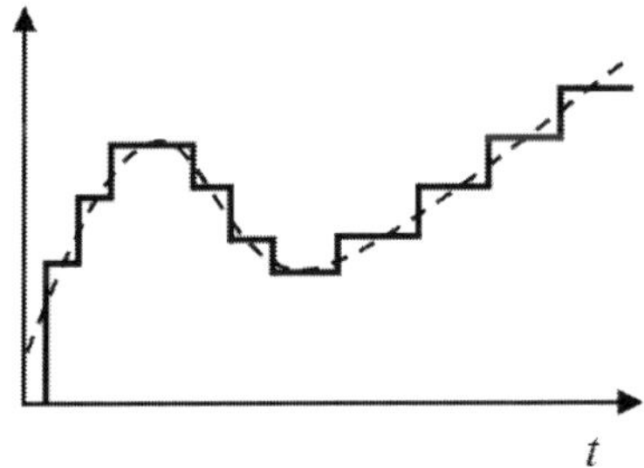

3: zeitkontinuierlich, wertdiskret

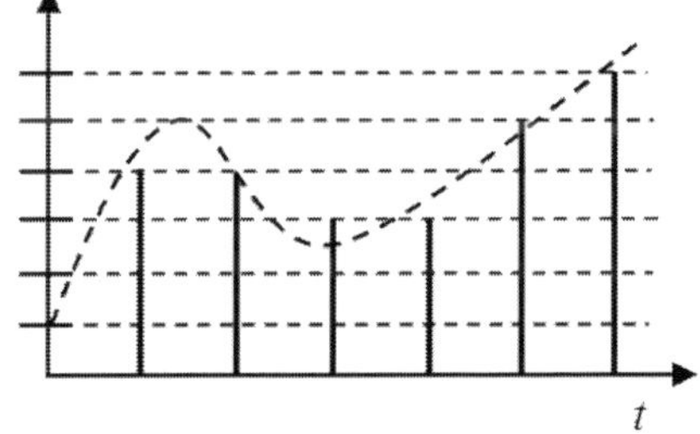

4: zeitdiskret, wertdiskret

Abb. 63: Zur Klassifikation von Signalen

Beispiel 32

Zu Abb. 63 gehörige Beispiele aus der Messtechnik

1: Ständige Messung mit analogem Messinstrument

2: Messung zu bestimmten Zeitpunkten mit analogem Messinstrument

3: Ständige Messung mit digitalem Messinstrument

4: Messung zu bestimmten Zeitpunkten mit digitalem Messinstrument

Digitale Signale sind normalerweise wert- und zeitdiskret. Die Signalparameter (z. B. die diskret zugelassenen Spannungswerte) stellen eine Nachricht dar, die nur aus Zeichen besteht. Ein Zeichen ist dabei ein Element aus einer zur Informationsdarstellung vereinbarten Menge voneinander unterschiedlicher Elemente. Oder einfacher ausgedrückt: Die einzelnen Signalpegel werden durch Zahlwörter (Digits) dargestellt. Solche Signale treten bei Regelungen mit Computern oder so genannten digitalen Regelgeräten auf. Die Umwandlung analoger Signale in digitale Signale ist nur durch Diskretisierung des Signalpegels möglich. Die bei der digitalen Regelung verwendeten Analog-Digital-Wandler führen den Umwandlungsprozess im Allgemeinen nur zu diskreten Zeitpunkten durch, welche durch die Abtastzeit gegeben sind. Man erhält aus dem analogen Signal ein Ergebnis, das sowohl wertdiskret als auch zeitdiskret ist.

Je nach Kontext bedeutet „**digital**“:

- in der Schaltungs- und Übertragungstechnik „wertdiskret“, nicht notwendigerweise auch „zeitdiskret“ (z. B. Rechteckspannung)
- in der Signalverarbeitung „zeitdiskret“, nicht notwendigerweise auch „wertdiskret“ (z. B. Abtastwert).

Zeit- und wertdiskret ist immer „digital“.

Binäre Signale sind zweiwertige Digitalsignale. Ihre zwei möglichen Zustände werden mit „0“ (L = Low = niedriger Spannungsbereich) bzw. „1“ (H = High = höherer Spannungsbereich) bezeichnet. Binäre Signale sind elektrisch einfach darstellbar, können sehr leicht gespeichert werden und haben große Bedeutung in der Datenverarbeitung und Nachrichtenübermittlung. Man bezeichnet Binärsignale auch als logische Signale und ordnet ihnen dann die Werte „wahr“ und „falsch“ zu. Praktisch alle Digitalschaltungen in der Elektrotechnik arbeiten mit diesen logischen Signalen. Auch Mikroprozessoren und Prozessrechner sind mit Elementen aufgebaut, die nur diese beiden Signalzustände kennen.

Unterschiede analoger und digitaler Regler

Ein Regler stellt einen Bezug zwischen der Regelgröße und der Führungsgröße her und bildet daraus die Stellgröße. Diese Aufgabenstellung kann auf unterschiedlichste Art gelöst werden: Mechanisch, pneumatisch, elektrisch oder mathematisch. Der mechanische Regler z. B. verändert ein Signal durch ein Hebelsystem, der elektronische Regler durch Operationsverstärker. Durch die Einführung leistungsfähiger und preiswerter Mikroprozessoren hat eine weitere Form der elektrischen Regler den Markt erobert, die so genannten digitalen Regler.

Die Messsignale werden bei digitalen Reglern nicht mehr analog mittels Operationsverstärker verarbeitet, sondern über einen Mikroprozessor errechnet. Die mathematische Beschreibung der unterschiedlichen Strukturen findet in diesen digitalen Reglern direkt Anwendung.

Die Bezeichnung „digital“ rührt daher, dass die Eingangsgröße (der Istwert) zunächst digitalisiert, d. h. in einen Zahlenwert umgewandelt werden muss, bevor das Signal vom Mikroprozessor bearbeitet werden kann. Das errechnete Ausgangssignal (die Stellgröße) muss wieder über einen Digital-Analog-Wandler in ein analoges Signal umgewandelt werden, welches zur Ansteuerung dient, oder kann einem digitalen Stellglied direkt zugeführt werden. Funktionell unterscheiden sich analoge und digitale Regler jedoch nicht wesentlich, so dass digitale Regler im Rahmen dieser Einführung nicht explizit behandelt werden. Es wird darauf hingewiesen, dass eine digitale Ziffernanzeige allein noch kein hinreichendes Kriterium für die Bezeichnung als digitaler Regler ist. Es gibt Regler, die analog aufgebaut sind, und nur die Anzeige ist digital als Ziffernanzeige ausgeführt. Sie haben jedoch intern keinen Mikroprozessor zur Berechnung der Signale und sind daher analoge Regler.

Vor- und Nachteile digitaler Regler

Analoge Regler sind aus Operationsverstärkern aufgebaut. Die Regelparameter werden meist durch Potenziometer, Trimmer oder Lötbrücken eingestellt. Die Regelstruktur und -eigenschaften liegen konstruktionsbedingt weitestgehend fest. Sie werden dort eingesetzt, wo keine höhere Regelgenauigkeit verlangt wird und die notwendigen Eigenschaften des Reglers (z. B. das dynamische Verhalten) bereits bei der Planung bekannt sind. Bei extrem schnellen Regelstrecken hat ein analoger Regler bei der Reaktionsgeschwindigkeit klare Vorteile. Bei digitalen Reglern wandelt ein Mikroprozessor alle analogen Eingangsgrößen in Ziffern um und berechnet hieraus die Stellgröße. Dies bietet gegenüber der analogen Verarbeitung einige **Vorteile**.

- Je nach Messsignal und verwendeter Technologie (z. B. A/D-Wandler) erzielt man eine höhere Regelgenauigkeit. Im Gegensatz zu driftbehafteten Bauteilen mit Toleranzen besitzen die verwendeten mathematischen Zusammenhänge eine konstante Genauigkeit und werden von Alterung, Exemplarstreuung und Temperaturabhängigkeiten nicht beeinflusst.
- Eine hohe Flexibilität hinsichtlich Reglerstruktur und -eigenschaften ist gegeben. Statt, wie bei analogen Reglern, Parameter zu verstellen und Bauteile umzulöten, kann bei einem digitalen Regler durch einfaches Programmieren die Linearisierung, die Reglerstruktur usw. durch Eingabe neuer Zahlenwerte geändert werden.
- Ein Datentransfer ist möglich. Die Informationen über Prozesszustandsgrößen sollen häufig weiterverarbeitet, gespeichert oder zusätzlich anderweitig verwendet werden. Dies ist digital recht einfach durchführbar. Die Ferneinstellung von Kennwerten durch Datensysteme, z. B. Prozessleitsysteme über digitale Schnittstellen ist ebenfalls einfach ausführbar.
- Die Optimierung der Regelparameter kann unter bestimmten Voraussetzungen automatisch vorgenommen werden.

Digitale Regler besitzen aber auch **Nachteile** gegenüber den analog arbeitenden Regelgeräten.

- Tendenzen im Istwertverlauf können bei Digital-Reglern durch die meist vorhandenen Ziffernanzeigen schlechter erkannt werden.
- Sie sind empfindlicher gegenüber elektromagnetischen Störimpulsen.
- Da der Mikroprozessor zur Berechnung der Parameter und anderer Aufgaben eine gewisse Zeit benötigt, können die Istwerte nur in bestimmten Zeitintervallen eingelesen werden. Man bezeichnet diese Zeitspanne zwischen dem Einlesen zweier Istwerte als Abtastzeit T_A, daher verwendet man auch häufig den Begriff Abtastregler. Typische Werte der Abtastzeit bei Kompaktreglern liegen zwischen $50\ldots500\ \mathrm{ms}$. Technisch lassen sich aber auch digitale Regler mit Abtastzeiten $<1\ \mathrm{ms}$ realisieren. Ist die Regelstrecke vergleichsweise langsam gegenüber der Abtastrate des Reglers, verhält sich ein digitaler Regler ähnlich wie ein analoger Regler, da sich das abtastende Verhalten nicht bemerkbar macht.

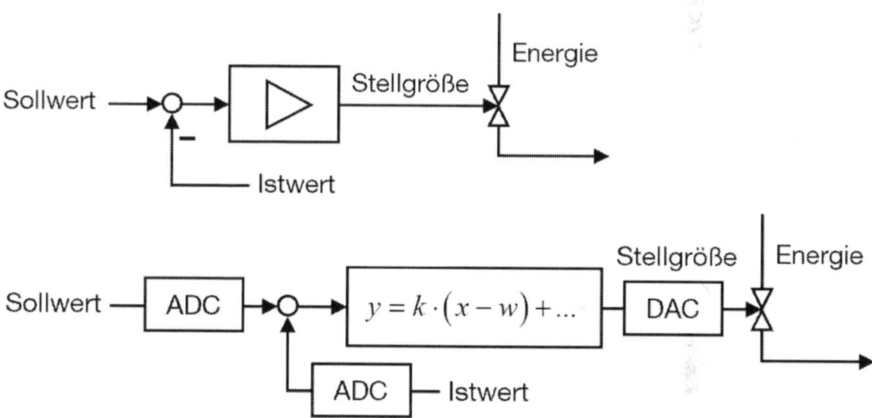

Abb. 64: Prinzip analoger (oben) und digitaler (unten) Regler

6.3 Sollwertvorgabe

Die Sollwertvorgabe kann manuell am Regler durch ein Potenziometer oder über Tasten durch Eingabe von Zahlenwerten erfolgen. Angezeigt wird der Sollwert analog (Zeigerstellung eines Sollwertstellers) oder digital als Ziffernwert.

Eine weitere Möglichkeit ist die externe Sollwertvorgabe. Hier wird der Sollwert als externes elektrisches Signal (z. B. $0\ldots20\ \mathrm{mA}$) von anderer Stelle vorgegeben. Außer diesen analogen Signalen können auch digitale Signale zur Sollwertvorgabe dienen. Diese werden dem Regler über eine digitale, meist serielle Schnittstelle zugeführt und können von einem anderen digital arbeitenden Gerät oder einem angeschlossenen Rechner stammen. Läuft die externe Sollwertvorgabe nach einem festen zeitlichen Ablauf (Programm) ab, so spricht man auch von einer *Zeitplanregelung*.

6.4 Erfassen des Istwertes

Der Istwert muss als elektrisches Signal vorliegen. Die Signalform hängt vom verwendeten Sensor und der Aufbereitung dieses Signals ab. Eine Möglichkeit besteht darin, dass das Signal des Messwertgebers (auch Sensor oder Fühler genannt) direkt auf den Reglereingang gegeben wird. Dieser muss dann in der Lage sein, dieses Signal sowohl bezüglich der elektrischen als auch der wertmäßigen Daten zu verarbeiten. Bei vielen Temperaturfühlern ist z. B. das Ausgangssignal nicht linear zur Temperatur, der Regler muss dann eine entsprechende Linearisierung besitzen.

Eine andere Möglichkeit besteht in der Verwendung eines Messumformers. Der Messumformer wandelt das Signal des Sensors in ein Einheitssignal um ($0 \ldots 20$ mA, $0 \ldots 10$ V) und führt zumeist auch die Linearisierung des Signals durch. In diesem Fall benötigt der verwendete Regler lediglich einen Eingang für Einheitssignale.

Der Istwert wird meistens am Regler angezeigt. Dies kann über eine digitale Anzeige (Ziffernanzeige) erfolgen. Ihr Vorteil ist, dass sie auch auf größere Entfernungen gut abgelesen werden kann. Der Vorteil einer analogen Anzeige mit einem Zeiger ist, dass sich Tendenzen wie Steigen oder Fallen im Istwert-Verlauf und die Position im Regelbereich gut erkennen lassen.

Vielfach wird der Istwert noch weiterverarbeitet, z. B. von einem Schreiber registriert oder an anderer Stelle angezeigt. Hierzu stellen die meisten Regler einen Istwert-Ausgang zur Verfügung, an dem der Istwert als Einheitssignal ausgegeben wird.

Um die Über- oder Unterschreitung bestimmter Werte zu signalisieren, besitzen die Regelgeräte so genannte Limitkomparatoren (Grenzwert- oder Alarmkontakte), die ein Signal liefern, wenn der Istwert die eingestellten Grenzen überschreitet. Dieses Signal kann dann einen Alarm auslösen.

6.5 Stellglieder

Der Regler bildet aus der Differenz von Sollwert w und Istwert x den Reglerstellgrad y_R (ein leistungsarmes Steuersignal). Der **Reglerstellgrad** kann im Bereich von $0 \ldots 100$ % liegen und wird am Ausgang des Reglers als Einheitssignal, z. B. $0 \ldots 10$ V, ausgegeben. Der Reglerstellgrad wird an den Leistungssteller geführt.

Das Stellglied dient dazu, auf die Regelgröße einwirken zu können. Es hat in erster Linie die Aufgabe einen Massen- oder Energiestrom zu dosieren. Die Massenströme können z. B. gasförmig oder flüssig sein, z. B. Erdgas, Dampf, Heizöl usw. Bei den Energieströmen handelt es sich oft um elektrische Energie. Hier kann das Zuführen der Energie unstetig über Kontakte, Relais bzw. Schütze erfolgen oder stetig über Stelltransformatoren, Stellwiderstände oder Thyristorleistungssteller.

Das Stellglied wird oft durch einen so genannten **Stellantrieb** betätigt. Dies erfolgt dann, wenn der Regler nicht in der Lage ist, das Stellglied selbst zu betätigen, weil er zu wenig Stellenergie abgeben kann, oder weil die vom Regler gelieferte Energieform zum Verändern der Stellgröße nicht geeignet ist. Dann steuert der Regler zweckmäßigerweise einen mechanisch-pneumatischen oder mit elektrischer Energie gespeisten Stellantrieb. Ein Beispiel hierfür ist, dass die in Regelgeräten integrierten Relais bei schaltenden Reglern meist nur Ströme bis max. 5 A schalten können. Um im Prozess geforderte höhere Leistungen steuern zu können, werden externe Leistungsschütze oder auch Halbleiterrelais verwendet.

Stelleinrichtungen (Stellgeräte) bestehen aus Stellantrieb (Steller) und Stellglied und lassen sich grob in drei Klassen einteilen:

- Stelleinrichtungen für masselose (Elektro-)Energieströme (Transistor- und Thyristorsteller für die Elektroenergie- und Antriebstechnik)
- Stelleinrichtungen für Stoffströme (Motorventil, Pumpen und Bänder)
- Stelleinrichtungen für Festkörperbewegungen (Elektromotoren, pneumatische oder hydraulische Stellzylinder).

Stellglieder bzw. Stellantriebe sind z. B. für

- stetige Regler:
  Stellwiderstand, Transistor, Thyristor-Leistungssteller, Ventile, Klappen, Schieber, drehzahlgeregelte Motoren.
- Zweipunktregler:
  Kontakt, Relais, Schütz, Magnetventil, Solid State Relais (elektronisches Lastrelais).

Die Wahl des Stellgerätes kann nach folgenden Kriterien vorgenommen werden.

1. Art der zu regelnden Prozessgröße
   - Druckregelung, Durchflussregelung durch Ventil mit Stellantrieb und Leistungselektronik
   - Temperaturregelung durch Heizung oder Brenner über Relais, Thyristorsteller oder Verstärker
   - Pumpenregelung, Drehzahlüberwachung durch Thyristorsteller oder Verstärker
2. Technologie der Regelstrecke
   - stetiger oder unstetiger Regler
3. Nutzbare Hilfsenergie und erforderliche Antriebskraft
   - Antriebe mit elektrischer, pneumatischer oder hydraulischer Hilfsenergie
4. Investitionssumme

Von entscheidender Bedeutung für die richtige Wahl des Stellgerätes ist die zu beeinflussende Prozessgröße. Das Stellgerät wird durch die in der Regel immer bekannte zu regelnde Prozessgröße bestimmt. Die Auswahl des Stellgliedes ist von der Verfahrenstechnik abhängig und bestimmt gleichzeitig die Art des Stellers. Ein weiteres

Kriterium für die Wahl des Stellgerätes ist die gewünschte Regelgüte, die der gesamte Regelkreis erzielen soll. Es muss klar sein, ob die gewünschte Regelgüte mit einem unstetigen oder nur durch Nutzung eines stetigen Reglers erreicht werden kann.

Aus folgenden Prozessgrößen können die Kriterien, die ein Stellglied erfüllen soll, abgeleitet werden.

- Maximaler Durchfluss (mit steigendem Durchfluss: Auswahl von Regelventil, Stellhahn, Schieber oder Klappe)
- Druckdifferenz
- Medientemperatur und Medienbesonderheiten (z. B. Viskosität, Festkörperbestandteile)
- Leckdurchfluss
- Sonderanforderungen (z. B. Schallentwicklung, Werkstoffauskleidung).

6.6 P-Regler

Wie zuvor bei den Regelstrecken (Abschnitt 5) wird in den folgenden Kapiteln das dynamische Verhalten einzelner Regler anhand von Sprungantworten dargestellt. Das sich ergebende Regelverhalten lässt sich jedoch zunächst anschaulicher am geschlossenen Regelkreis zeigen. Im geschlossenen Regelkreis führt ein Sprung der Führungsgröße w zunächst zu einem sprunghaften Anstieg der Regeldifferenz e. Aufgrund der Rückführung und des Reglereingriffes wird die Regeldifferenz mit der Zeit zurückgehen. Setzt man stabiles Regelverhalten voraus, so wird schließlich die Regelgröße einen neuen Beharrungszustand einnehmen.

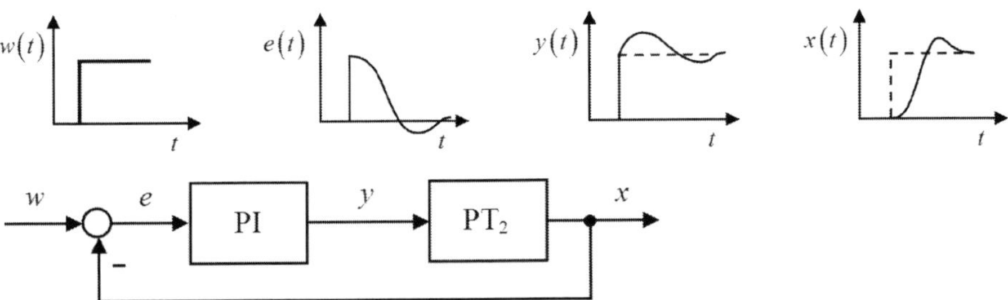

Abb. 65: Signalverläufe im geschlossenen Regelkreis

6.6.1 Proportionalbeiwert

Ein P-Regler (Proportionalregler) bildet die Regeldifferenz $e = w - x$ aus Sollwert w und Istwert x. Die Regeldifferenz wird verstärkt und steuert als Stellgröße y ein Stellglied an. Die Stellgröße y ist beim P-Regler also immer proportional zu der erfassten Regeldifferenz. Das Signal der Regeldifferenz muss verstärkt werden, da es vom Betrag her zu klein ist, um als Stellgröße ein Stellglied direkt anzusteuern. Die

Verstärkung „ K_P “ eines P-Reglers muss einstellbar sein, um den Regler an die Regelstrecke anpassen zu können.

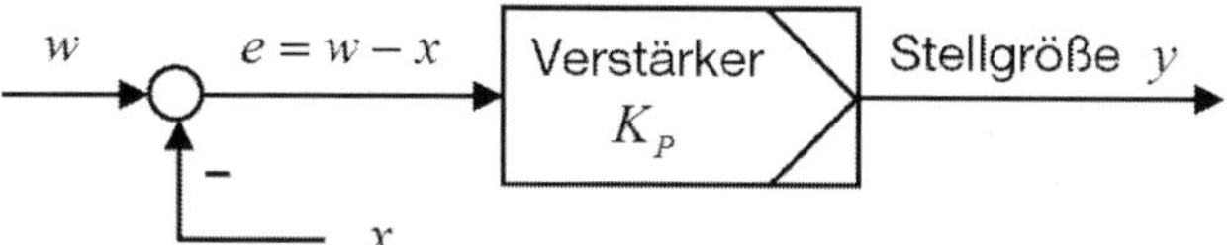

Abb. 66: Funktionsprinzip eines P-Reglers

Da die Stellgröße der Regeldifferenz direkt proportional ist, hat sie den gleichen zeitlichen Verlauf wie die Regeldifferenz und wird nur mit einem bestimmten Faktor K_P verstärkt. Eine sprungförmige Änderung der Regeldifferenz (z. B. durch eine plötzliche Sollwertänderung) hat somit sofort eine sprungförmige Änderung der Stellgröße y zur Folge.

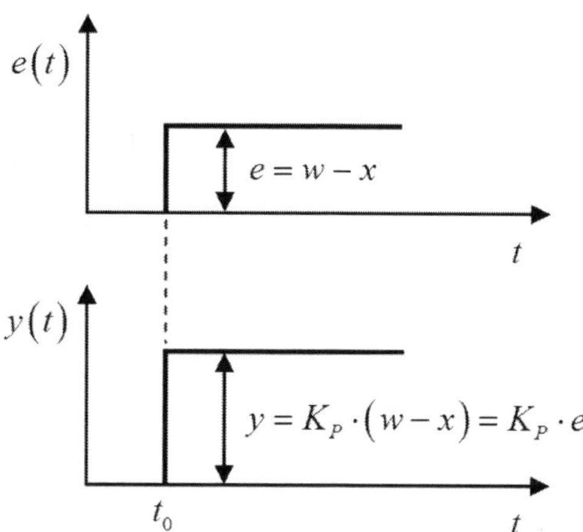

Abb. 67: Sprungantwort eines P-Reglers

Bei einem P-Regler ändert sich die Stellgröße in gleichem Maße wie die Regeldifferenz, allerdings mit einem Faktor bewertet. Daraus ergibt sich, dass ein P-Regler

- ohne eine Verzögerung auf eine Regeldifferenz sofort reagiert,
- nur dann eine Stellgröße erzeugt, wenn eine Abweichung e vorliegt.

Die Amplitude des Stellgrößensprungs y hängt von der Höhe der Regeldifferenz e und dem Betrag der Verstärkung K_P ab. Für eine mathematische Darstellung ergibt sich für den P-Regler folgende **Reglergleichung**:

$$y = K_P \cdot (w - x) = K_P \cdot e$$

Der Faktor K_P wird **Proportionalbeiwert** oder **Übertragungsbeiwert** des P-Reglers genannt und entspricht der **Reglerverstärkung**.

$$\boxed{K_P = \Delta y / \Delta e}$$

Er darf nicht mit der Streckenverstärkung der Regel**strecke** K_S verwechselt werden.

Die Reglergleichung entspricht einer Geradengleichung, deren Steigung durch K_P bestimmt wird. Je größer K_P ist, desto steiler ist der Anstieg der Geraden und umso größer sind die Stellvorgänge bereits bei kleinen Regeldifferenzen, siehe Abb. 68.

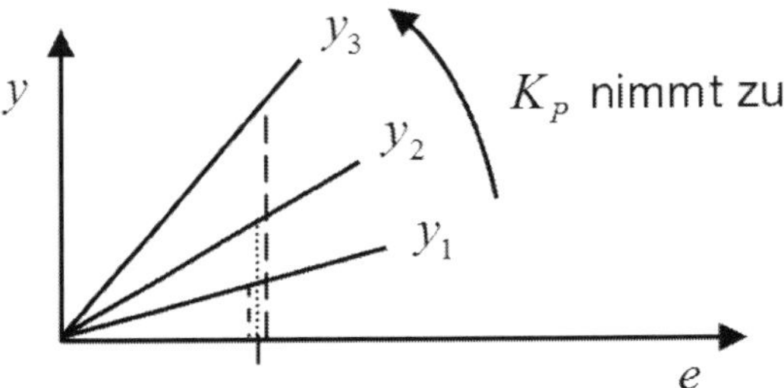

Abb. 68: Wirkung der Einstellung von K_P auf die Änderung der Stellgröße y bei Auftreten einer Regeldifferenz

Beispiel 33

Ein P-Regler für eine Temperaturregelung mit einem vom Anwender eingestellten K_P von $10\ \%/\mathrm{K}$ gibt bei einer Regeldifferenz von $5\ \mathrm{K}$ einen Stellgrad von 50 % aus.

Ein P-Regler zur Regelung eines Druckes mit einem eingestellten K_P von $4\ \%/\mathrm{bar}$ würde bei einer Regeldifferenz von 20 bar einen Stellgrad von 80 % ausgeben.

6.6.2 Proportionalbereich

Betrachtet man die Reglergleichung $y = K_P \cdot e$, so hätte bei einem P-Regler eine beliebig große Regeldifferenz e eine entsprechend beliebig große Stellgröße y zur Folge. Dies ist in der Praxis natürlich nicht möglich, da die Stellgröße technisch begrenzt ist. Die Proportionalität zwischen der Stellgröße und der Regeldifferenz ist somit nur in einem bestimmten Bereich gegeben. Dieser Bereich wird *Proportionalbereich* X_P genannt. Nur innerhalb des Proportionalbereiches verhält sich die Stellgröße proportional zur Regeldifferenz.

Durch Veränderung des X_P-Bereiches lässt sich die Verstärkung des Reglers an die Strecke anpassen.

Der Proportionalbereich X_P ist der Bereich, um den sich die Regelgröße ändern muss, um die Stellgröße über den gesamten Stellbereich y_H zu ändern. Innerhalb X_P besteht ein linearer Zusammenhang zwischen Regelgröße x und Stellgröße y.

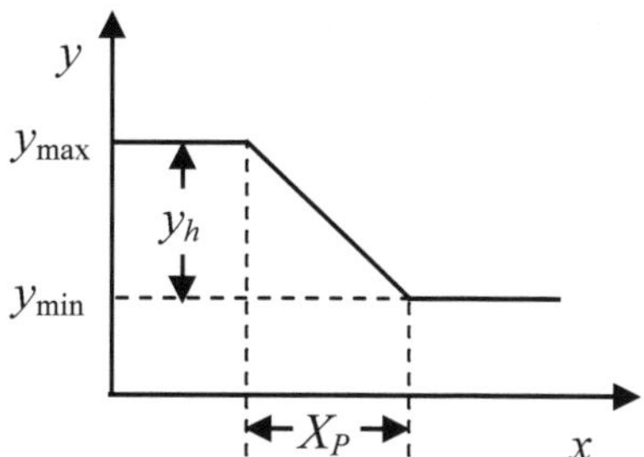

Abb. 69: Ideale Kennlinie eines P-Reglers

y_H = Stellbereich, X_P = Proportionalbereich der Regelgröße

Wird ein kleinerer X_P-Bereich gewählt, so reicht schon eine kleine Regeldifferenz aus, um den gesamten Stellbereich zu durchfahren. Die Verstärkung nimmt also mit kleinerem X_P zu. Der Proportionalbereich X_P und die Verstärkung (der Proportionalbeiwert) K_P des Reglers sind somit zueinander umgekehrt proportional.

Da innerhalb des Proportionalbereiches X_P der volle Stellbereich y_H durchfahren wird, lässt sich K_P folgendermaßen bestimmen:

$$K_P = \frac{y_H}{X_P} = \frac{\text{max. Stellbereich}}{\text{Proportionalbereich}}$$ oder $$X_P = \frac{y_H}{K_P}$$

oder

$$K_P = \frac{\Delta y}{\Delta x}$$

Bezieht man den Stellbereich auf 0 % bis 100 %, dann gilt:

$$K_P = \frac{1}{X_P} \cdot 100\ \%$$ bzw. $$X_P = \frac{1}{K_P} \cdot 100\ \%$$

Der **Proportionalbeiwert** K_P hat die **Einheit der Stellgröße dividiert durch die Einheit der Regelgröße**, z. B. $\text{W}/°\text{C}$. Der Proportionalbereich X_P ist in der Praxis oft nützlicher als der Proportionalbeiwert K_P. Bei Regelgeräten wird anstelle von K_P meist der **Proportionalbereich X_P** eingestellt, und zwar in der **gleichen Einheit wie die Regelgröße x** (in Kelvin, Volt, bar usw.). X_P ist ein Regelparameter. Durch die

Eingabe von X_P erkennt man sofort, bei welcher Regelabweichung die Stellgröße 100 % erreicht hat. Speziell bei Temperaturregelgeräten ist es interessant zu wissen, bis zu welcher Temperatur mit 100 % Stellgröße gefahren wird.

Der Proportionalbereich X_P mit der Einheit der Regelgröße ist ein Einstellwert (Reglerparameter) des P-Anteils eines Reglers.

Üblicherweise wird der Proportionalbereich X_P als „bezogener Proportionalbereich" $X_{P\%}$ angegeben (aber häufig nicht extra so gekennzeichnet). Dieser besagt, um wie viel Prozent vom Regelbereich x_H des Reglers sich die Regeldifferenz (oder die Regelgröße bei festem Wert der Führungsgröße) ändern muss, um den vollen Stellbereich y_H zu durchfahren. Der bezogene Proportionalbereich ist eine dimensionslose Größe und wird in Prozent angegeben.

$$X_{P\%} = \frac{X_P}{x_H} \cdot 100\ \%$$

X_P = Proportionalbereich, x_H = Regelbereich

Beispiel 34

Für einen elektrischen Heizofen ist eine Führungsgröße von $w = 150\ °C$ eingestellt. Wie die Kennlinie eines P-Reglers in Abb. 70 zeigt, ist die Stellgröße der Regelabweichung nur im Bereich von $100\ °C$ bis $150\ °C$ proportional, also nur bei einer Abweichung bis zu 50 Kelvin vom Sollwert von $150\ °C$. Der X_{P1}-Bereich beträgt $50\ K$. Unterhalb $100\ °C$ ist das Maximum und oberhalb $150\ °C$ ist das Minimum der Stellgröße erreicht, es wird jeweils der größte bzw. der kleinste Wert der Heizleistung abgegeben. Auch eine größere Regelabweichung als $50\ °C$ ergibt einen maximalen Stellgrad von 100 %.

Der X_{P2}-Bereich stellt eine zum X_{P1}-Bereich unterschiedliche Reglerverstärkung dar.

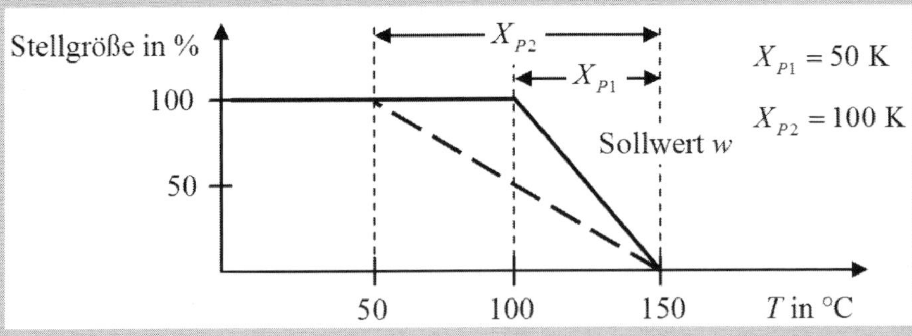

Abb. 70: Die Lage des X_P-Bereiches

Die Kennlinie des X_p-Bereiches kann beim P-Regler in ihrem Verlauf als fallend betrachtet werden, mit steigendem Istwert sinkt dann die Stellgröße bis zum Erreichen des Sollwertes. Diese fallende Kennlinie entspricht einem inversen Wirksinn. Außerdem kann das X_P-Band auf einer Seite unterhalb des Sollwertes liegen, wie in Abb. 70 und Abb. 71 oben links. Das X_P-Band kann aber auch symmetrisch zum Sollwert oder oberhalb des Sollwertes liegen. Liegt der Sollwert innerhalb des Proportionalbereiches (das X_P-Band symmetrisch zum Sollwert), so sollte der Sollwert w so gelegt werden, dass eine Veränderung des Proportionalbereiches keine Wirkung hat. Für bestimmte Regelprozesse werden außerdem Regler mit einer steigenden Kennlinie eingesetzt (**direkter Wirksinn**). Bei einer Kühlung muss z. B. der Stellgrad bei steigendem Istwert zunehmen.

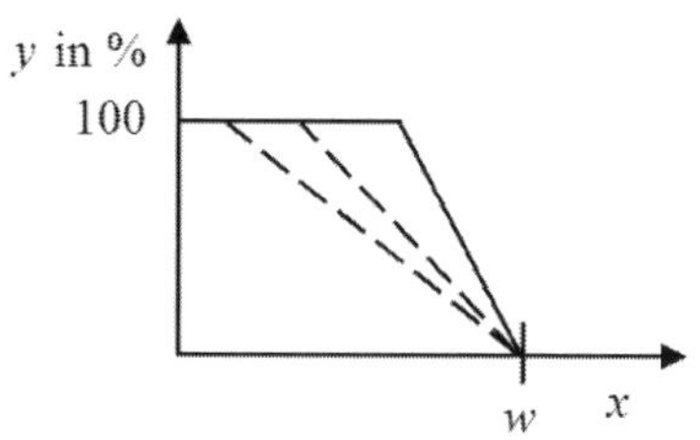

inverser Wirksinn, fallend:
einseitig unterhalb $y = 0$ %
bei $x = w$

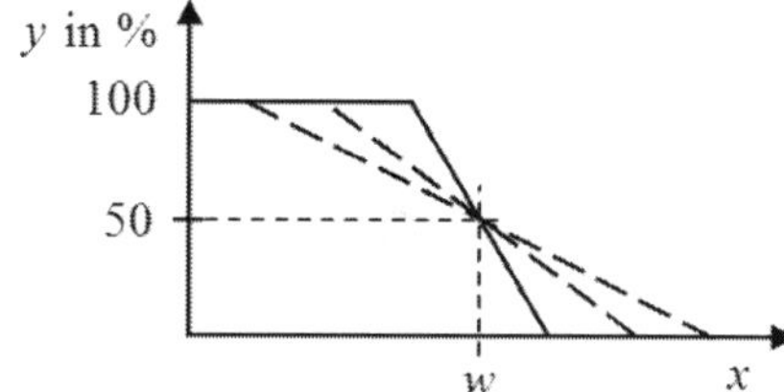

inverser Wirksinn, fallend:
symmetrisch $y = 50$ %
bei $x = w$

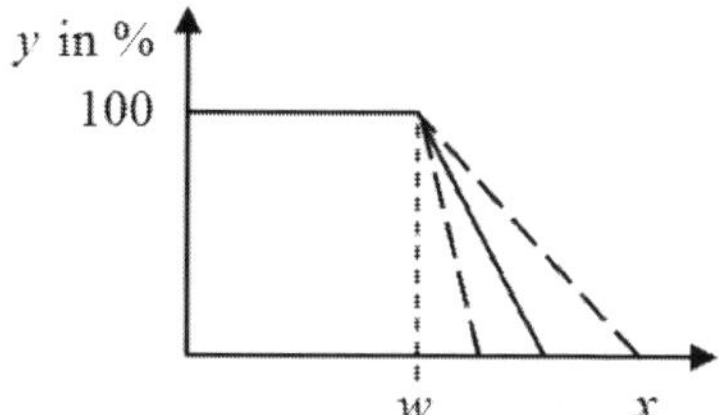

inverser Wirksinn, fallend:
einseitig oberhalb $y = 100$ %
bei $x = w$

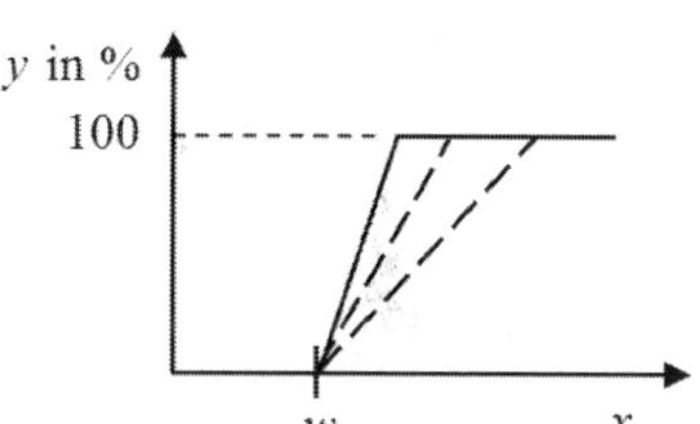

direkter Wirksinn, steigend:
einseitig oberhalb $y = 0$ %
bei $x = w$

Abb. 71: Mögliche Lagen des Proportionalbereiches um den Sollwert

Beispiel 35

Ein elektronischer PD-Regler mit einem $4 \ldots 20$ mA-Ausgang soll einen Proportionalbeiwert $K_P = 2$ erhalten. Auf welchen Wert ist X_P einzustellen? Wie groß ist dann der bezogene Proportionalbereich $X_{P\%}$?

Lösung

Der Stellbereich ist $y_H = 20\ \text{mA} - 4\ \text{mA} = 16\ \text{mA}$. Dies ist zugleich der Regelbereich x_H.

$$K_P = \frac{y_H}{X_P};\ X_P = \frac{y_H}{K_P} = \frac{16\ \text{mA}}{2};\ \underline{\underline{X_P = 8\ \text{mA}}}$$

$$X_{P\%} = \frac{X_P}{x_H} \cdot 100\ \% = \frac{8\ \text{mA}}{16\ \text{mA}} \cdot 100\ \%;\ \underline{\underline{X_{P\%} = 50\ \%}}$$

Beispiel 36

Ein pneumatischer PI-Regler mit einem Regelbereich und einem Stellbereich von 0,8 bar soll einen Proportionalbereich von 1,0 bar erhalten. Auf welchen Wert ist X_P in Prozent einzustellen? Wie groß ist dann der Proportionalbeiwert K_P?

Lösung

$$X_{P\%} = \frac{X_P}{x_H} \cdot 100\ \% = \frac{1{,}0\ \text{bar}}{0{,}8\ \text{bar}} \cdot 100\ \%;\ \underline{\underline{X_{P\%} = 125\ \%}}$$

$$K_P = \frac{y_H}{X_P} = \frac{0{,}8\ \text{bar}}{1{,}0\ \text{bar}} = \underline{\underline{0{,}8}}$$

Beispiel 37

Ein Temperaturregelkreis ist mit einem Proportionalregler ausgeführt, der bei einer Temperaturabweichung von $\Delta x = 15\ °\text{C}$ eine Vergrößerung des Stellhubes von $\Delta y = 3\ \text{mm}$ hervorruft. Der gesamte Stellbereich beträgt $\Delta y = 40\ \text{mm}$. Wie groß ist der Proportionalbereich X_P? Wie groß ist der bezogene Proportionalbereich, wenn der Regelbereich $x_H = 250\ °\text{C}$ beträgt?

Lösung

$$K_P = \frac{\Delta y}{\Delta x} = \frac{3\ \text{mm}}{15\ °\text{C}} = 0{,}2\ \frac{\text{mm}}{°\text{C}};\ X_P = \frac{y_H}{K_P} = \frac{40\ \text{mm}}{0{,}2\ \frac{\text{mm}}{°\text{C}}} = \underline{\underline{200\ °\text{C}}}$$

$$X_{P\%} = \frac{X_P}{x_H} \cdot 100\ \% = \frac{200\ °\text{C}}{250\ °\text{C}} \cdot 100\ \% = \underline{\underline{80\ \%}}$$

6.6.3 Bleibende Regelabweichung

Die Wirkung einer Störgröße oder einer Sollwertänderung kompensiert ein Regler dadurch, dass er eine entsprechend entgegengerichtete Stellgröße erzeugt. Diese Stellgröße kann ein P-Regler aber nur erzeugen, wenn eine Regeldifferenz vorliegt, dies sieht man bereits aus der Reglergleichung $y = K_P \cdot e$. Daher:

Ein reiner P-Regler besitzt immer eine bleibende Regelabweichung.

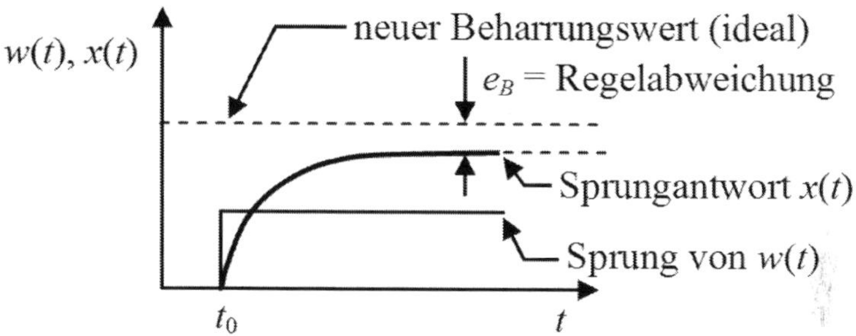

Abb. 72: Bleibende Regelabweichung e_B bei einem Regelkreis mit P-Regler und einer Strecke 1. Ordnung als Reaktion auf einen Sprung der Führungsgröße $w(t)$

Bleibende Störungen lassen sich mit einem P-Regler niemals vollständig ausregeln. Erreicht die Regelgröße die Führungsgröße, so wird die Stellgröße zu null. Für bestimmte Regelstrecken kann dies sinnvoll sein, z.B. für eine Niveau-Regelung. Für die Betrachtung eines elektrischen Heizofens in Beispiel 34 bedeutet dies jedoch, dass keine Heizleistung mehr zugeführt wird, wenn die Regelabweichung null ist. Die Temperatur im Ofen wird daher kleiner. Jetzt entsteht eine Regelabweichung die der P-Regler verstärkt und somit den Stellgrad bildet. Je größer die Regelabweichung ist, umso größer ist der Stellgrad des Reglers. Die entstehende Regelabweichung stellt sich auf einen Wert ein, bei dem der resultierende Stellgrad gerade ausreicht, um den im Vergleich zum Sollwert niedrigeren Istwert aufrechtzuerhalten.

Durch Verkleinern des Proportionalbereiches X_P lässt sich die verbleibende Regelabweichung verringern. So gut diese Lösung zu sein scheint: Ein kleiner Proportionalbereich entspricht einer hohen Verstärkung K_P! Ein großes K_P führt zwar durch einen stärkeren Regeleingriff zu einer kleineren Regelabweichung. In der Praxis werden jedoch alle Regelkreise bei Unterschreitung eines kritischen X_P (bei zu großen K_P-Werten) instabil, die Regelgröße beginnt zu schwingen.

Bei zu kleinem Proportionalbereich wird der Regelkreis instabil, er schwingt.

Die bleibende Regelabweichung e_B ist abhängig von der Reglerverstärkung K_P und dem Übertragungsverhalten der Regelstrecke.

6.6.4 Einstellung des Arbeitspunktes

Ist die Regeldifferenz gleich null, so erzeugt der reine P-Regler keine Stellamplitude. Diese wird aber gebraucht, wenn man die Regelgröße einer Strecke mit Ausgleich in einem beliebigen Gleichgewichtszustand halten will. Um dieses Ziel trotzdem zu erreichen, benötigt der P-Regler die Möglichkeit der Arbeitspunkteinstellung. Hierbei wird ein variabler Offset y_0 zur Stellgröße des P-Reglers addiert:

$$y = K_P \cdot e + y_0$$ mit y_0 = Stellgröße am Arbeitspunkt (AP)

Auf diese Weise lässt sich eine beliebige Stellamplitude y_0 ausgeben, selbst wenn die Regeldifferenz gleich null ist. Dies ist eine Vorgabe der Stellamplitude im ausgeregelten Zustand. Mathematisch entspricht diese Maßnahme einer Parallelverschiebung der Arbeitskennlinie über den gesamten Betriebsbereich.

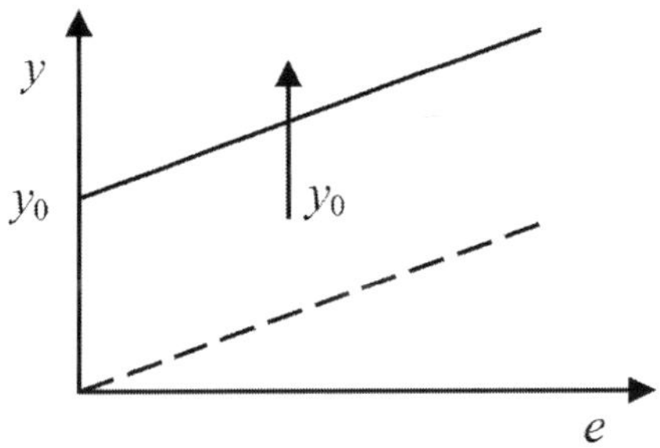

Abb. 73: Wirkung der Arbeitspunkteinstellung

Zu beachten ist, dass die Vorgabe eines Arbeitspunktes mit $y_0 \neq 0$ nur für Strecken mit Ausgleich sinnvoll ist. Eine Strecke ohne Ausgleich geht erst dann in den Beharrungszustand, wenn die Stellgröße gleich null ist (z. B. ein motorbetriebener Positionierantrieb).

Beispiel 38

Ist die statische Streckenkennlinie des Prozesses bekannt, so kann man die sich ergebende Regelabweichung bestimmen. Gegeben ist die Kennlinie eines P-Reglers mit einem X_P-Band von $100\ \mathrm{K}$. Es soll ein Sollwert von $200\ °\mathrm{C}$ ausgeregelt werden. Die Streckenkennlinie des Ofens ergibt, dass für einen Sollwert von $200\ °\mathrm{C}$ eine Stellgröße von $50\ \%$ benötigt wird. Der Regler gibt jedoch bei $200\ °\mathrm{C}$ eine Stellgröße von $0\ \%$ aus. Die Temperatur wird absinken, mit zunehmender Regelabweichung wird der Regler entsprechend des X_P-Bandes eine höhere Stellgröße ausgeben. Es wird sich eine Temperatur einstellen, bei welcher der Regler genau die Stellgröße ausgibt, die ausreicht, um die Temperatur zu halten. Die sich einstellende Temperatur und der Stellgrad kann aus dem Schnittpunkt der Reglerkennlinie mit der statischen Streckenkennlinie bestimmt werden. Die Temperatur ist $150\ °\mathrm{C}$ bei einem Stellgrad von $40\ \%$.

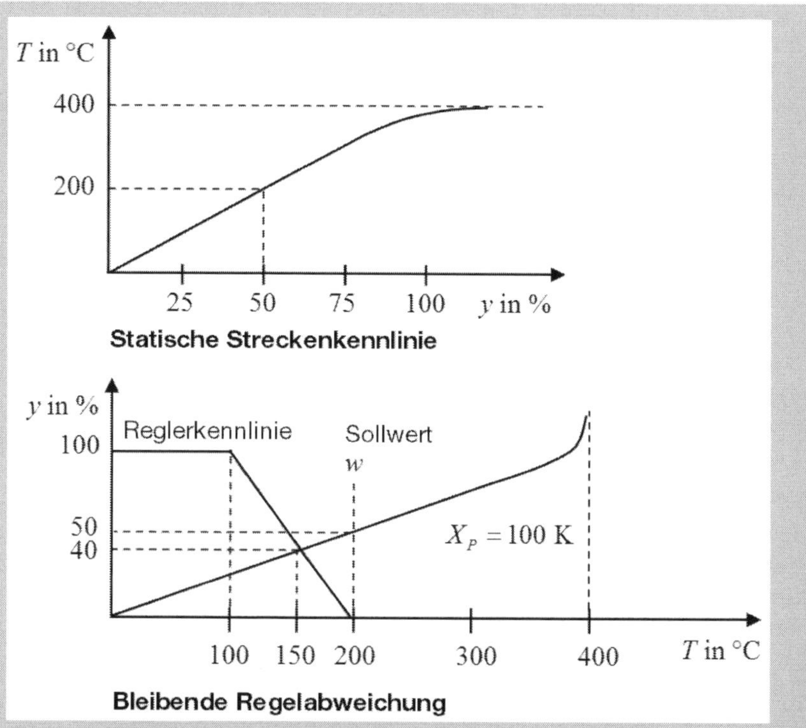

Abb. 74: Grafische Bestimmung der bleibenden Regelabweichung aus statischer Streckenkennlinie und Reglerkennlinie

Man sieht, dass z. B. ein Heizofen zum Erreichen und Halten einer bestimmten Führungsgröße eine gewisse Leistung abgeben muss. Es ist folglich nicht sinnvoll, die Stellgröße beim Fehlen einer Regelabweichung auf null zu setzen. Es ist zweckmäßig, die Stellgröße bei einer Regelabweichung von null auf einen bestimmten Prozentwert zu legen. Diese sogenannte **Arbeitspunktkorrektur** lässt sich am Regler normalerweise über einen Bereich von $0...100\ \%$ einstellen. Das heißt, bei einer Korrektur von $50\ \%$ würde der Regler bei einer Regelabweichung von null eine Stellgröße von $50\ \%$ ausgeben, welches in unserem Beispiel dazu führt, dass die Führungsgröße $w = 200\ °C$ erreicht und gehalten wird. Das Proportionalband stellt hier eine fallende Kennlinie dar, welche symmetrisch um den Sollwert liegt. Da der Prozess die im Arbeitspunkt eingestellte Stellgröße benötigt, wird ohne Regelabweichung ausgeregelt.

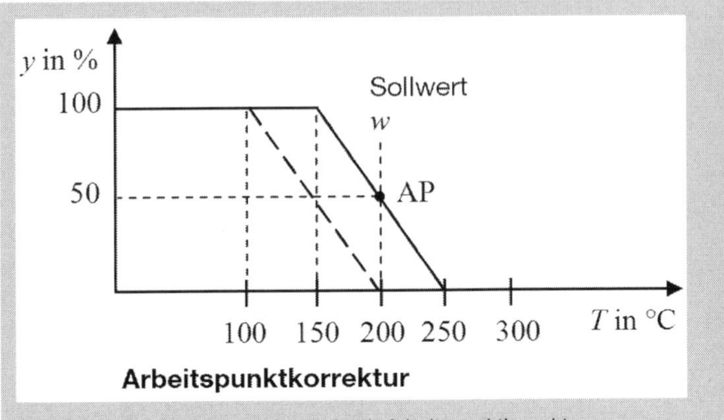

Abb. 75: Keine Regelabweichung durch Arbeitspunktkorrektur

Einstellung des Arbeitspunktes in der Praxis

Die Streckenkennlinie eines Prozesses ist in der Praxis meist nicht bekannt, zur Bestimmung der Arbeitspunktkorrektur kann jedoch manuell der Istwert auf den später auszuregelnden Sollwert gefahren werden. Der hierzu nötige Stellgrad ist gleichzeitig der Wert für die Arbeitspunktkorrektur.

Beispiel 39

Bei einem Ofen, in dem mit einem P-Regler ein Sollwert von $200\ ^\circ C$ angefahren werden soll, würde man z. B. den Regler in den Handbetrieb schalten und den Stellgrad manuell langsam erhöhen. Nach einer Veränderung ist solange zu warten, bis sich die Endtemperatur einstellt. Bei einem bestimmten Stellgrad wird man feststellen, dass dieser (z. B. $55\ \%$) ausreichend für einen Istwert von $200\ ^\circ C$ ist. Dieser Stellgrad wird nun als Wert für die Arbeitspunktkorrektur eingegeben. Nach Eingabe des Wertes für die Arbeitspunktkorrektur wird nur bei dem Sollwert ohne Regeldifferenz ausgeregelt, für den die Arbeitspunktkorrektur vorgenommen wurde. Außerdem dürfen sich die äußeren Bedingungen nicht ändern. Wirken andere Störungen auf den Regelkreis (z. B. ein Absinken der Außentemperatur bei einem Ofen) stellt sich wieder eine Regeldifferenz ein, die jetzt aber kleiner ausfällt.

6.6.5 Zusammenfassung P-Regler

Reglergleichung

$$y(t) = K_P \cdot e(t)$$

Einstellwert am Regler: Proportionalbereich X_P

Vorteile des P-Reglers

Sehr schnelle Reaktion auf Änderungen der Führungs- und Störgröße.
Sehr stabile Regelung, wenn K_P richtig dimensioniert ist.

Nachteile des P-Reglers

Er eignet sich nicht für Strecken mit reiner Totzeit, da diese durch einen P-Regler zu schwingen beginnen.

Bei Strecken mit Ausgleich gelingt es nicht die Führungsgröße exakt auszuregeln. Es bleibt eine Regelabweichung, die sich aber durch Einführen einer Arbeitspunktkorrektur deutlich verringern lässt.

Anwendungsbereiche des P-Reglers

Der Einsatz erfolgt bevorzugt bei schnellen Regelstrecken. Der P-Regler eignet sich für unkritische Regelungen, bei denen bleibende Regelabweichungen beim Auftreten von Störungen akzeptiert werden können, z. B. bei Druck-, Durchfluss-, Füllstand- und Temperaturregelungen. Die P-Regelung ist schnell, lässt sich aber durch Zusatzelemente, wie sie im Folgenden erläutert werden, in der Dynamik noch verbessern.

6.6.6 Regler mit Dynamik

Wie wir im vorhergehenden Abschnitt gesehen haben, reagiert der P-Regler nur auf die Größe der Regeldifferenz und verstärkt diese. Für den P-Regler ist es bedeutungslos, ob eine Regelabweichung sehr schnell eintritt oder lange vorhanden ist. Würde aber ein Mensch beim Auftreten einer großen Störung in einem Prozess nicht zunächst mit einer großen Stellgröße reagieren, und diese dann solange verändern, bis der Istwert den Sollwert erreicht hat? Ein Mensch würde also nicht nur die Größe der Regelabweichung, sondern auch deren Verhalten über die Zeit (die Dynamik) berücksichtigen.

Es gibt Regleranteile mit Dynamik, die dieses Verhalten der Regelabweichung über die Zeit in ihre Arbeitsweise einbeziehen.

- D-Anteil
  Der D-Anteil reagiert auf *Änderungen* des Istwertes. Wird z. B. bei einem elektrischen Ofen die Netzspannung um $20\ \%$ kleiner, so wird die Ofentemperatur absinken. Der D-Anteil reagiert auf dieses Absinken der Ofentemperatur mit einem Stellgrad. Der Stellgrad ist in diesem Fall proportional der *Geschwindigkeit der Ofentemperaturänderung* und hilft dabei, den Istwert möglichst schnell wieder auf den Sollwert zu regeln.

- I-Anteil
  Der I-Anteil reagiert auf die *zeitliche Dauer* der Regelabweichung. Er summiert die an seinem Eingang anliegende Regeldifferenz über die Zeit. Wird dieser Regler z. B. bei einem Ofen eingesetzt, erhöht er die Heizleistung langsam, bis die Ofentemperatur den gewünschten Sollwert erreicht hat.

Der D- oder I-Anteil wird oft mit einem P-Anteil kombiniert. Es entstehen dann PI-, PD- oder PID-Regler.

6.7 I-Regler

6.7.1 Eigenschaften

Ein I-Regler (Integralregler) bildet das Zeitintegral der Eingangsgröße, er summiert eine an seinem Eingang anstehende Regeldifferenz über die Zeit auf. Solange die Regeldifferenz e ungleich null ist, ändert sich der Betrag der Stellgröße y. Je länger eine Regeldifferenz am Regler ansteht, desto größer wird die Stellgröße. Es ist ein Regler ohne Ausgleich, das Ausgangssignal kann unbegrenzt wachsen.

Integrierende Regler werden eingesetzt, um Regelabweichungen in jedem Arbeitspunkt vollständig auszuregeln. Die Stellgröße verändert sich, solange eine Regeldifferenz ansteht. Somit können auch kleine Regelabweichungen im Laufe der Zeit die Stellgröße so weit verändern, bis der Istwert dem gewünschten Sollwert entspricht. Der I-Regler kann also nach genügend langer Zeit vollständig ausregeln, so dass gilt: Regelgröße = Führungsgröße. Dann ist die Regeldifferenz null und die Stellgröße erhöht sich nicht weiter, die Regelung ist eingeschwungen.

Ein I-Regler besitzt keine bleibende Regelabweichung wie der P-Regler.

Bei einer sprungartigen Veränderung der Regeldifferenz erhalten wir den zeitlichen Verlauf der Stellgröße als Sprungantwort des I-Reglers.

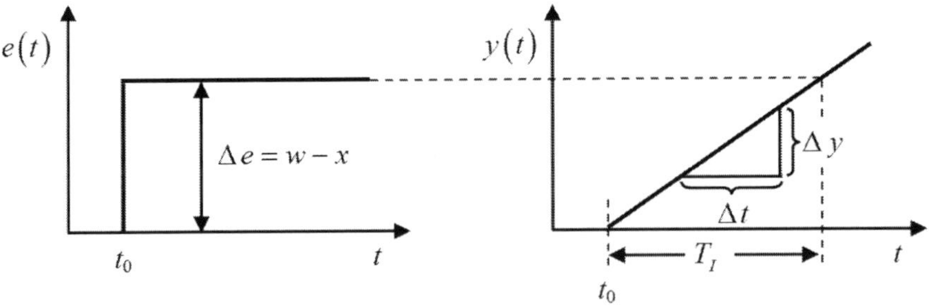

Abb. 76: Sprung der Regeldifferenz (links) und Sprungantwort eines I-Reglers (rechts)

Für eine **konstante Regeldifferenz** ergibt sich für den I-Regler die Gleichung einer Geraden und somit folgende **Reglergleichung**:

$$\Delta y = \frac{1}{T_I} \cdot \Delta e \cdot t = K_I \cdot \Delta e \cdot t$$

Δe = Regeldifferenz, T_I = **Integrierzeit** des I-Reglers, K_I = **Integrationsbeiwert**

Man erkennt, dass die Änderung der Stellgröße y nicht nur zur Änderung der Regelgröße (wie beim P-Regler), sondern zusätzlich auch zur Zeit t proportional ist.

Wie schnell der Regler seinen Stellgrad aufbaut (wie schnell die Stellgröße ansteigt oder abfällt) hängt von der Größe der Regeldifferenz und von der Einstellung des I-Anteils ab, d. h. von der Wahl der am Regler einstellbaren Integrierzeit T_I. Die Integrierzeit T_I ist der Kehrwert vom Integrationsbeiwert K_I. Der Integrationsbeiwert K_I ergibt sich aus dem Verhältnis von Änderungsgeschwindigkeit der Stellgröße am Ausgang zum Betrag der Regeldifferenz am Eingang. Je größer K_I ist, desto stärker ist die Reaktion des I-Reglers auf eine Regelabweichung.

$$K_I = \frac{\Delta y / \Delta t}{\Delta e} = \frac{\Delta y}{\Delta t \cdot \Delta e} = \frac{1}{T_I}$$

Die Stellgeschwindigkeit, also die Geschwindigkeit, mit der sich die Stellgröße ändert, ist proportional zur Regeldifferenz.

$$\frac{\Delta y}{\Delta t} = K_I \cdot \Delta e = \frac{1}{T_I} \cdot \Delta e$$

Das Stellsignal steigt bei einer kleinen Integrierzeit schneller an als bei einer großen Integrierzeit. Mit anderen Worten: Die Integralwirkung des I-Reglers verringert sich mit steigender Integrierzeit T_I bzw. vergrößert sich mit steigendem Integrationsbeiwert K_I.

Die Integrierzeit des I-Reglers lässt sich ebenfalls aus der Sprungantwort ermitteln (Abb. 76). Die Integrierzeit T_I dient als Maß für das Integralverhalten und steht für die Anstiegsgeschwindigkeit der Regelgröße.

$$T_I = \frac{\Delta t \cdot \Delta e}{\Delta y}$$

Die Integrierzeit gibt an, wie lange es dauert, bis der I-Regler den vollen Stellbereich y_H durchlaufen hat, wenn als Eingangsgröße die Regelgröße x um den vollen Bereich x_H geändert wird:

$$K_I = \frac{y_H}{T_I \cdot x_H}$$

Die beiden Bereiche y_H und x_H sind konstruktiv festliegende Werte, sodass als Einstellparameter des I-Reglers die Integrierzeit T_I in Frage kommt. Je kleiner die Integrierzeit T_I gewählt wird, umso schneller ändert sich die Reglerausgangsgröße y in Abhängigkeit von der Regeldifferenz e.

Für eine sich **ändernde, zeitabhängige Regeldifferenz** gilt: $d\,y(t) = K_I \cdot e(t) \cdot dt$

Die **Reglergleichung** ist dann:

$$y(t) = \frac{1}{T_I} \cdot \int e(t)\,dt = K_I \cdot \int e(t)\,dt$$

Die Stellgröße ist dem Zeitintegral der Regeldifferenz proportional. Kenngröße ist der Integrationsbeiwert K_I.

Liegt bei einem I-Regler mit inversem Wirksinn, wie er z. B. zum Heizen verwendet wird, der Istwert unterhalb vom Sollwert, so baut der I-Regler kontinuierlich seinen Stellgrad auf. Erreicht der Istwert den Sollwert, so kann es aufgrund von Verzögerungen der Strecke sein, dass der Stellgrad zu groß ist. Der Istwert wird also noch etwas weiter ansteigen, jedoch wird jetzt aufgrund des umgekehrten Vorzeichens der Regelgröße der Stellgrad abgebaut.

Hierin kann ein gewisser Nachteil des I-Reglers liegen.

Baut sich der Stellgrad zu schnell auf, so ist das entstehende Stellsignal zu groß, und es wird ein zu hoher Istwert erreicht. Liegt jetzt der Istwert über der Führungsgröße und die Regeldifferenz ändert ihr Vorzeichen, nimmt das Stellsignal wieder ab. Ist die Abnahme zu rasch, stellt sich ein zu niedriger Istwert ein usw. Die Folge ist, dass bei einem I-Regler leicht eine Schwingung um den Sollwert auftritt. Dies ist besonders dann der Fall, wenn der I-Anteil zu groß, d. h. die Integrierzeit T_I zu klein gewählt wurde. Ausgenommen hiervon wäre eine Strecke 0-ter Ordnung, da sie wegen der fehlenden Möglichkeit zur Energiespeicherung kein schwingungsfähiges System bildet.

6.7.2 Nachstellzeit

Die Integrierzeit T_I eines integrierenden Reglers ist eine *Zeitkonstante*. Es ist die Zeit, die der Regler braucht, um nach Anlegen einer Sprungfunktion am Eingang das Ausgangssignal auf den gleichen Wert wie das Eingangssignal anwachsen zu lassen. Diese Zeit wird auch **Nachstellzeit** T_N genannt. **Die Integrierzeit ist gleich der Nachstellzeit**:

$$T_I = T_N$$

Die Nachstellzeit T_N mit der Einheit Sekunde ist ein Einstellwert (Reglerparameter) des I-Anteils eines Reglers.

Noch einmal zur Veranschaulichung:

Schaltet man ein sprungförmiges Signal gleichzeitig auf den Eingang eines P-Reglers und eines I-Reglers und vergleicht die beiden Ausgangssignale, so erkennt man, dass aufgrund der Integration der Ausgang des I-Reglers erst nach Ablauf der Zeit T_N den Ausgangswert des P-Reglers erreicht. Die Ausgangsgröße des I-Reglers folgt dem Ausgangssignal des P-Reglers nach. Daher rührt der Begriff Nachstellzeit.

Der I-Regler antwortet auf einen Eingangssprung mit einer Rampenfunktion, während der P-Regler auf einen Sprung ebenfalls mit einem Sprung antwortet. Nach einer gewissen Zeit (in welcher der I-Regler „nachstellt“) hat die Ausgangsgröße des I-Reglers den gleichen Wert, wie ihn der P-Regler schon gleich nach dem Sprung aufweist. Nach der Zeit T_N ist das Ausgangssignal des P-Reglers als Antwort auf einen Eingangs-Einheitssprung der Höhe eins $y(T_N) = K_P$, das Ausgangssignal des I-Reglers ist $y(T_N) = K_I \cdot T_N$. Gleichsetzen beider Werte ergibt:

$$T_N = \frac{K_P}{K_I}$$

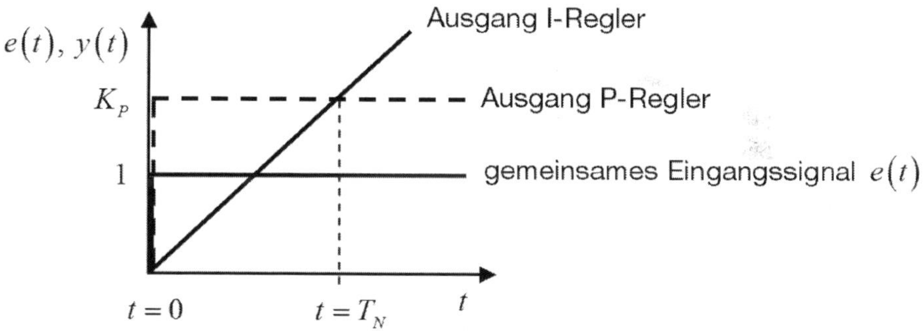

Abb. 77: Zur Definition der Nachstellzeit

Beispiel 40

Eine Nachstellzeit von z. B. $T_N = 3$ s bedeutet, dass der Ausgangswert $y(t)$ nach 3 s die Größe des konstanten Eingangswertes $e(t)$ erreicht hat.

6.7.3 Zusammenfassung I-Regler

Reglergleichung

$$y(t) = \frac{1}{T_I} \cdot \int e(t)\, dt = K_I \cdot \int e(t)\, dt$$

Einstellwert am Regler: Nachstellzeit T_N

Vorteile des I-Reglers

Keine bleibende Regelabweichung im Beharrungszustand.

Nachteile des I-Reglers

Bei großem T_I ist die Regelung sehr träge.
Bei kleinem T_I neigt die Regelung zum Schwingen, wird evtl. instabil.

Anwendungsbereiche des I-Reglers

Der reine I-Regler reagiert auf Störungen und Führungsgrößensprünge nur allmählich. I-Regler arbeiten langsamer als P-Regler, lassen dafür aber keine bleibende Regeldifferenz bestehen. Ein I-Regler ist ungeeignet für eine Regelstrecke mit großer Zeitkonstante (z. B. Temperaturregelstrecke) oder bei einer Strecke ohne Ausgleich (somit nicht geeignet zum Regeln eines z. B. Flüssigkeitsstandes). Für Regelstrecken, die nur durch eine Totzeit charakterisiert sind, ist der I-Regler von allen Reglertypen der am besten geeignete. Bei Regelstrecken mit größeren Zeitkonstanten muss der I-Anteil sehr klein (somit die Integrierzeit T_I groß) eingestellt werden, damit die Regelgröße nicht zum Schwingen neigt und instabil wird. Mit diesem kleinen I-Anteil arbeitet der reine I-Regler allerdings sehr langsam.

Der I-Regler findet seinen Einsatz sehr häufig bei Druckregelstrecken, T_I wird in diesen Fällen sehr klein eingestellt.

6.8 D-Regler

6.8.1 Eigenschaften

Der D-Regler (Differenzialregler) ist ein Differenzierer, der nur in Verbindung mit P- und/oder I-Reglern eingesetzt wird. Er reagiert nicht auf die Höhe der Regeldifferenz $e(t)$, sondern nur auf eine *Veränderung* des Eingangssignals, und zwar auf dessen *Änderungsgeschwindigkeit*. Der D-Regler bildet also seine Stellgröße aus der Information, wie schnell sich die Regeldifferenz ändert, und nicht wie der P-Regler, aus deren Amplitude. Er reagiert deshalb noch wesentlich schneller als der P-Regler: Selbst bei kleiner Regeldifferenz erzeugt er, gewissermaßen vorausschauend, eine große Stellamplitude, sobald eine Amplitudenänderung von $e(t)$ auftritt. Eine bleibende Regelabweichung erkennt der D-Regler hingegen nicht, denn ihre Änderungsgeschwindigkeit ist gleich null, unabhängig davon, wie groß sie ist. In der Praxis wird der reine D-Regler deshalb nicht allein verwendet. Er wird vorzugsweise als Komponente in PD- und PID-Reglern eingesetzt.

Eine Veränderung des Eingangssignals wird mit dem **Differenzierbeiwert** K_D bewertet, dieser ist von der Dimension her mit der Differenzierzeit T_D (Einheit Sekunde) gleichzusetzen. Unabhängig von der Form der Regelabweichung gilt für den Ausgang des idealen D-Reglers (bzw. des D-Anteils eines PID-Reglers) folgendes differenzierendes Zeitverhalten mit der **Reglergleichung**:

$$y(t) = K_D \cdot \frac{de(t)}{dt} = T_D \cdot \frac{de(t)}{dt}$$

K_D = Differenzierbeiwert, T_D = Differenzierzeit, $K_D = T_D$

Die Sprungantwort des idealen D-Reglers entspricht der Impulsfunktion. Die Impulsfunktion (Einheitsimpuls, idealer Einheitsstoß, Deltafunktion, Dirac-Impuls) ist mathematisch durch folgende Eigenschaften definiert:

- nur bei $t = 0$ verschieden von null
- die Amplitude ist unendlich groß
- die Breite ist unendlich klein
- die Impulsfläche ist A = 1.

Als Sprungantwort eines idealen D-Reglers erhält man theoretisch einen unendlich hohen und unendlich schmalen Nadelimpuls. Der Nadelimpuls wird symbolisch durch einen Pfeil dargestellt.

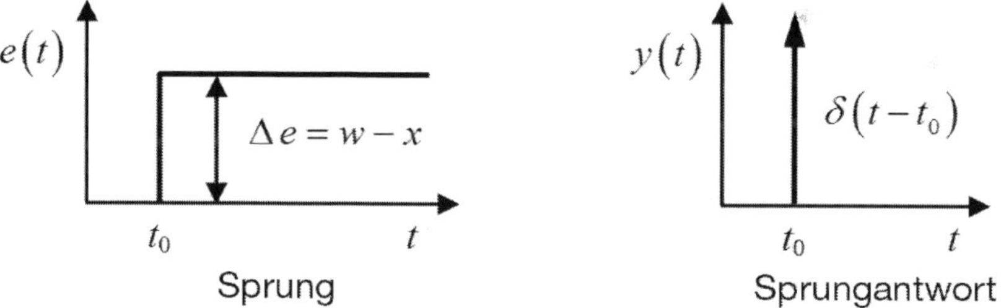

Abb. 78: Eingangssprung und Sprungantwort des idealen D-Reglers

Wie man sieht, ist die Sprungfunktion als Testsignal am Eingang des D-Reglers nicht geeignet. Es ist technisch nicht möglich, bei einem System aus realen Bauelementen für ein schnelles Eingangssignal, z. B. für einen Eingangssprung $e(t)$, ein Ausgangssignal $y(t)$ mit unendlich großer Amplitude zu realisieren.

Da nur bei der *Änderung* der Eingangsgröße ein Ausgangssignal entsteht, bietet sich für die regelungstechnische Praxis als brauchbares Testsignal für den D-Regler die Anstiegsfunktion (Rampenfunktion) an. Die Anstiegsfunktion ist ein Signal, das ab einem Zeitpunkt t_0 linear ansteigt. Die Steigung K_P dieser Geraden entspricht der konstanten Änderungsgeschwindigkeit des Eingangssignals $e(t)$.

$$e(t) = K_P \cdot t$$

K_P ist die Anstiegskonstante, die zeitlich konstante Änderung der Regeldifferenz.

$$K_P = \frac{de(t)}{dt} \quad \text{bzw.} \quad K_P = \frac{\Delta e}{\Delta t}$$

Als Eingangssignal des D-Reglers wird eine sich mit konstanter Geschwindigkeit ändernde, mit der Zeit linear ansteigende Regeldifferenz $e(t)$ vorgegeben. Der resultierende Betrag der Stellgrößenänderung ist Δy.

$$\Delta y = K_D \cdot \frac{\Delta e}{\Delta t}$$

Durch das Ableiten (das Differenzieren) von $e(t)$ durch den D-Regler ergibt sich als Anstiegsantwort ein endlicher, konstanter Wert K_D für die Stellgröße $y(t)$.

$$K_D = \frac{\Delta y}{\Delta e / \Delta t} = \frac{\Delta y \cdot \Delta t}{\Delta e} = T_D$$

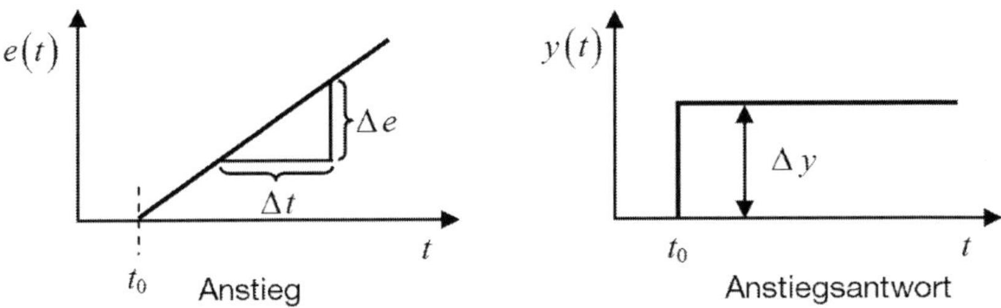

Abb. 79: Anstiegsfunktion und Anstiegsantwort des idealen D-Reglers

Eine Anstiegsfunktion ruft ein konstantes Ausgangssignal am D-Regler hervor. Die Größe des Ausgangssignals ist von dem Produkt Anstiegskonstante und Differenzierbeiwert abhängig. Der Differenzierbeiwert K_D bzw. die identische Differenzierzeit T_D ergibt sich aus dem Verhältnis von Betrag der Regelgröße am Ausgang zur Änderungsgeschwindigkeit der Regeldifferenz am Eingang. Je größer K_D ist, desto stärker reagiert der D-Regler auf Änderungen der Regelabweichung $e(t)$.

6.8.2 Vorhaltzeit

Bei linearem Anstieg der Regeldifferenz $e(t)$ am Eingang erhält man als Anstiegsantwort des D-Reglers eine konstante Ausgangsgröße (Stellgröße). Die Ausgangsgröße y des D-Reglers ist umso größer, je schneller sich die Eingangsgröße e ändert. Diesen konstanten Wert „hält der D-Regler vor", bis nach der Differenzierzeit T_D ein P-Regler die gleiche Antwort aufweist, wie der D-Regler sie schon bei $t = 0$ hatte. Diese Zeit wird auch **Vorhaltzeit** T_V genannt (oft als Vorhaltezeit bezeichnet).

$$\boxed{T_D = T_V}$$

Der D-Regler ist somit gegenüber dem P-Regler schneller. Er eilt dem P-Regler um die Zeit T_D voraus. Ein D-Anteil in einem Regler führt zu einer sehr schnellen Reaktion des Systems.

Die Vorhaltzeit T_V mit der Einheit Sekunde ist ein Einstellwert (Reglerparameter) des D-Anteils eines Reglers.

Noch einmal zur Veranschaulichung:

Schaltet man eine Anstiegsfunktion gleichzeitig auf den Eingang eines P-Reglers und eines D-Reglers und vergleicht die beiden Ausgangssignale, so erkennt man, dass aufgrund des linearen Anstiegs der Ausgang des P-Reglers erst nach Ablauf der Zeit T_V den Ausgangswert des D-Reglers erreicht. Die Ausgangsgröße des D-Reglers dagegen nimmt sofort den Wert an, den das Ausgangssignal des P-Reglers erst nach Ablauf der Zeit T_V erreicht. Daher rührt der Begriff Vorhaltzeit.

Der P-Regler antwortet auf eine Anstiegsfunktion ebenfalls mit einer Anstiegsfunktion, während der D-Regler auf eine Anstiegsfunktion mit einem Sprung antwortet. Nach einer gewissen Zeit hat die Ausgangsgröße des P-Reglers den gleichen Wert, wie ihn der D-Regler schon gleich beim Start der Anstiegsfunktion hatte. Als Antwort auf eine Eingangs-Anstiegsfunktion ist nach der Zeit T_V das Ausgangssignal des P-Reglers $y(T_V) = K_P \cdot T_V$, das Ausgangssignal des D-Reglers ist $y(T_V) = K_D$. Gleichsetzen beider Werte ergibt:

$$\boxed{T_V = \frac{K_D}{K_P}}$$

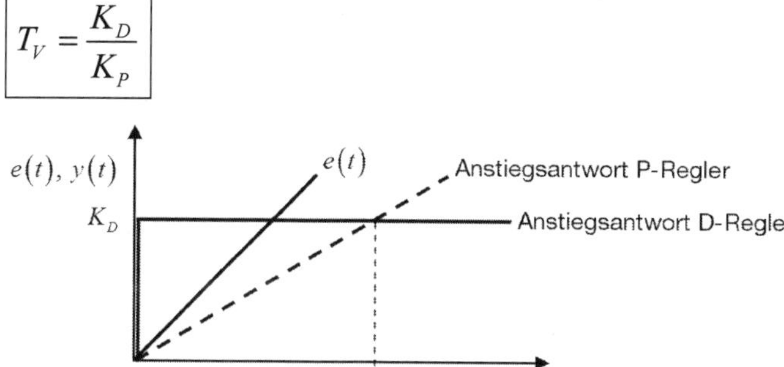

Abb. 80: Zur Definition der Vorhaltzeit

Die Vorhaltzeit T_V ist eine Zeitkonstante. Es ist die Zeit, die ein P-Regler bei konstanter Änderungsgeschwindigkeit der Regeldifferenz benötigt, um die gleiche Änderung der Stellgröße zu bewirken, die ein D-Regler sofort bewirkt.

Den Vorhalt kann man sich anschaulich als einen „Blick in die Zukunft“, als „vorausschauend“ vorstellen. Versucht man z. B. Tontauben zu schießen, so wird man auf einen virtuellen Punkt vor der fliegenden Tonscheibe anlegen. Bei der Steuerung eines Schiffes wird man das Steuer bereits vor Erreichen des Kurses wieder in Mittelstellung bringen. Durch dieses weitblickende Verhalten ist also ein stärkeres Eingreifen bei Abweichungen möglich.

Wird die Vorhaltzeit T_V zu groß eingestellt, so kann die Regelung instabil werden.

Wird ein D-Regler mit Hardware realisiert, so ist damit automatisch die Entstehung einer Verzögerungszeit T_1 verbunden. In der Praxis handelt es sich dann um einen DT_1-Regler. Die Sprungantwort eines *realen* D-Reglers ist deshalb kein unendlich hoher und unendlich schmaler Nadelimpuls (der nur in der Theorie vorkommen kann), sondern eine Stoßfunktion mit endlicher Höhe, die entsprechend einer e-Funktion auf null abklingt. Eine Schwingneigung wird dadurch gemindert.

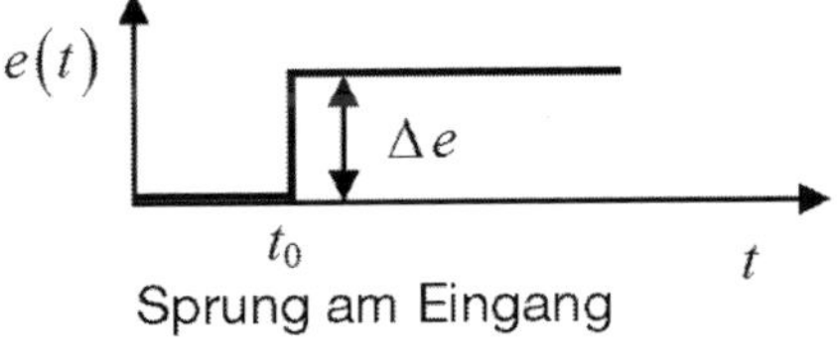

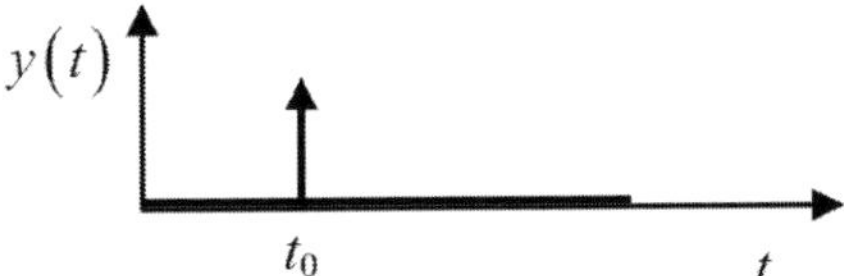

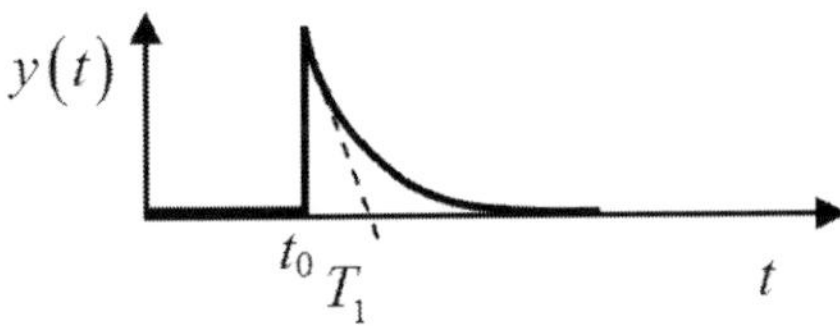

Abb. 81: Sprungantwort des idealen und des realen D-Reglers

6.8.3 Zusammenfassung D-Regler

Reglergleichung

$$y(t) = K_D \cdot \frac{de(t)}{dt} = T_D \cdot \frac{de(t)}{dt}$$

Einstellwert am Regler: Vorhaltzeit T_V

Vorteile des D-Reglers

Der Regelvorgang wird beschleunigt.

Nachteile des D-Reglers

Ein D-Regler alleine kann nur differenzieren, nicht regeln. Ein D-Regler kann nicht alleine verwendet werden, da er bei konstanter Regeldifferenz ($e = \text{const.}$), auch wenn diese sehr groß ist, keinen Beitrag liefert, d. h. die Stellgröße $y(t)$ wird dann null.

Ein Nachteil des D-Reglers ist auch sein Einfluss auf verrauschte Systeme, d. h. Systeme, in denen statistische Fluktuationen auftreten (z. B. Messrauschen). Stochastische Störungen werden durch die Ableitung verstärkt und können zu einer Destabilisierung des Regelkreises führen. Der D-Anteil darf nur bei gut gefilterten Messgrößen verwendet werden.

Anwendungsbereiche des D-Reglers

Vor allem als Komponente von PD- und PID-Reglern.

6.9 PI-Regler

6.9.1 Eigenschaften

Beim reinen I-Regler dauert es je nach gewählter Nachstellzeit T_N relativ lange, bis der Regler seine Stellgröße aufgebaut hat. Der reine P-Regler reagiert dagegen mit seinem Stellgrad sofort auf eine Regeldifferenz, ist aber nicht in der Lage, die Regeldifferenz vollständig abzubauen. Es liegt demzufolge nahe, einen P-Regler mit einem I-Regler zu kombinieren. Als Ergebnis erhält man einen PI-Regler. Durch eine solche Kombination kann der Vorteil des P-Reglers, d. h. die schnelle Reaktion auf eine Regelabweichung, mit dem Vorteil des I-Reglers, nämlich der exakten Ausregelung auf die Führungsgröße, verknüpft werden.

Der PI-Regler wird in der Praxis sehr häufig verwendet. Er kann durch eine Parallelschaltung eines P- und eines I-Reglers aufgebaut werden. Bei richtiger Auslegung vereinigt er die Vorteile der beiden Reglertypen (stabil und schnell, keine bleibende Regelabweichung), und deren Nachteile werden gleichzeitig kompensiert.

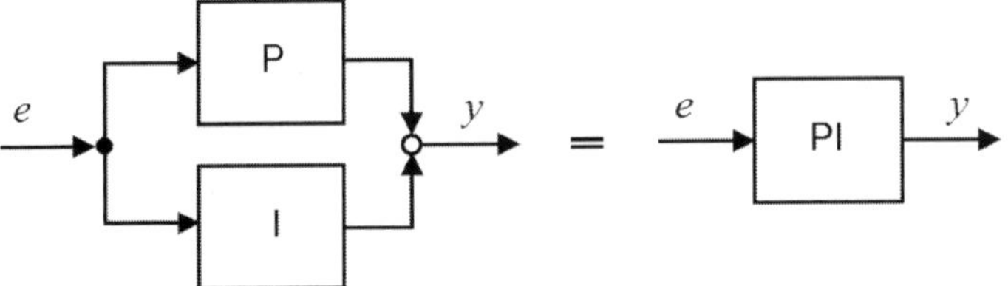

Abb. 82: Blockstruktur eines PI-Reglers

Die Sprungantwort eines PI-Reglers erhalten wir durch Überlagerung (Summieren) der Sprungantwort eines P- und eines I-Reglers.

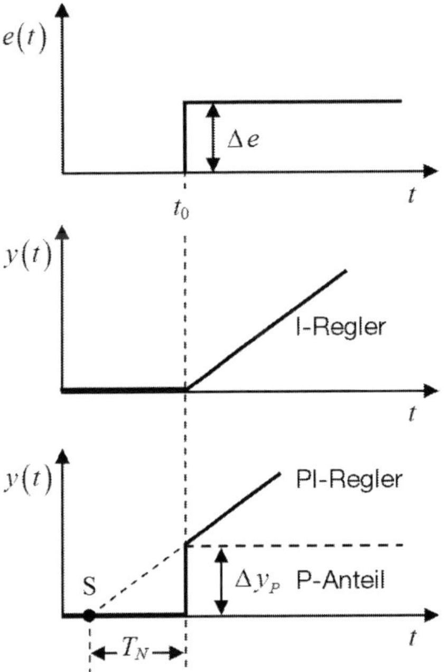

Abb. 83: Sprungantwort eines PI-Reglers

Eine Änderung der Regeldifferenz bewirkt sofort eine proportionale Veränderung der Stellgröße durch den P-Anteil. Aus diesem Grund ist der PI-Regler bedeutend schneller als ein I-Regler. Dieser sofortigen, sprunghaften Wirkung schließt sich eine Verstellung der Stellgröße durch den I-Anteil mit einer bestimmten Verstellgeschwindigkeit an. Der I-Anteil sorgt dafür, dass die Regeldifferenz abgebaut wird. Aufgrund des Proportionalanteils reagiert die Stellgröße sofort auf jede Regeldifferenz e, während der integrale Anteil erst mit der Zeit zur Wirkung kommt.

Wird die schräg ansteigende Gerade des PI-Stellgrades bis zu ihrem Schnittpunkt S mit der Zeitachse verlängert, so liegt zwischen S und dem Zeitpunkt t_0 ein Zeitabschnitt (Abb. 83), welcher beim PI-Regler der Nachstellzeit T_N entspricht. Dies ist die Zeit die vergeht, bis der I-Anteil dieselbe Stellamplitude erzeugen würde, wie sie infolge des P-Anteils nach dem Regeldifferenzsprung sofort entsteht.

Die Nachstellzeit ist ein Maß dafür, wie stark die zeitliche Dauer der Regelabweichung in die Regelung eingeht. Eine große Nachstellzeit bedeutet einen geringen Einfluss des I-Anteils (das schräg ansteigende Geradenstück des I-Anteils verläuft flach) und umgekehrt. **Bei einem PI-Regler bewirkt also eine Änderung des Proportionalbereiches X_p auch ein geändertes integrales Verhalten!**

Erhöht man die Proportionalverstärkung des PI-Reglers durch Verkleinern von X_p, so wird damit auch das I-Verhalten erhöht. Der Regler integriert dann die Regeldifferenz schneller auf. Dies bedeutet umgekehrt, dass in Abhängigkeit von der X_P- und T_N-Dimensionierung das Überschwingen der Regelgröße auf Kosten der Regeldynamik verringert werden kann (kleines Überschwingen = langes Ausregeln und umgekehrt).

Beispiel 41

Will man beim PI-Regler den P-Regleranteil verdoppeln, aber den I-Regleranteil konstant halten, muss man den Wert von X_P halbieren und gleichzeitig den Wert von T_N verdoppeln.

Für eine **konstante Regeldifferenz** $e(t) = \Delta e = \text{const.}$ setzt sich die Änderung der Stellgröße aus zwei Teilen zusammen.

Teil1, P-Regler: Die Änderung der Stellgröße ist proportional zu e.

$$\Delta y_P = K_P \cdot \Delta e$$

Teil 2, I-Regler: Die Änderung der Stellgröße ist proportional zu e und t.

$$\Delta y_I = K_I \cdot \Delta e \cdot t$$

Für die Streckenverhältnisse in Abb. 83 gilt:

$$\frac{\Delta y_P}{T_N} = \frac{\Delta y_I}{t} \quad \Rightarrow \quad \Delta y_I = \frac{\Delta y_P}{T_N} \cdot t = \frac{K_P \cdot \Delta e}{T_N} \cdot t$$

Die Addition der beiden Teile ergibt:

$$\Delta y_{PI} = \Delta y_P + \Delta y_I = K_P \cdot \Delta e + \frac{K_P \cdot \Delta e}{T_N} \cdot t = K_P \cdot \Delta e \cdot \left(1 + \frac{1}{T_N} \cdot t \right)$$

Mit $K_P = \dfrac{100\ \%}{X_P}$ aus 6.6.2 folgt die **Reglergleichung** für den PI-Regler:

$$\Delta y_{PI} = \frac{100\ \%}{X_P} \cdot \Delta e \cdot \left(1 + \frac{1}{T_N} \cdot t\right)$$

Das zeitliche Verhalten des PI-Reglers ist durch den Proportionalbereich X_P und die Nachstellzeit T_N gekennzeichnet.

Für eine sich **ändernde, zeitabhängige Regeldifferenz** gilt die **Reglergleichung**:

$$y_{PI}(t) = \frac{100\ \%}{X_P}\left[e(t) + \frac{1}{T_N} \cdot \int e(t)\,dt\right]$$

Das zeitliche Zusammenwirken der beiden Anteile eines PI-Reglers wird nun etwas genauer betrachtet (Abb. 84). Wie bereits erwähnt, kann ein PI-Regler prinzipiell durch die Kombination eines P-Reglers und eines I-Reglers aufgebaut werden. Bei einer plötzlichen Regelabweichung durch die Vorgabe einer neuen Führungsgröße $w(t)$ wird die Stellgröße $y(t)$ zunächst vom P-Anteil gebildet. Durch die geänderte Stellgröße nähert sich die Regelgröße $x(t)$ der Führungsgröße, die Regeldifferenz wird kleiner, somit auch die vom P-Regler verursachte Stellgröße. Jetzt sorgt die durch den I-Anteil gebildete Stellgröße für das exakte Ausregeln. Während der P-Anteil der Stellgröße durch die Annäherung an die Führungsgröße zurückgeht, baut sich der I-Anteil immer weiter auf. Wegen der geringer werdenden Regelabweichung nimmt dieser Zuwachs jedoch auch ab, bis schließlich die Führungsgröße erreicht ist und zu der aktuellen Stellgröße nichts mehr hinzugefügt wird. Im ausgeregelten Zustand wird die Stellgröße beim PI-Regler nur durch den I-Anteil gebildet. Mit anderen Worten: Am Anfang des Regelvorgangs ist ausschließlich die schnelle Reaktion des P-Anteils wirksam, während der I-Anteil erst langsam mit der Integration beginnt. Sobald der P-Anteil am Ende des Regelvorgangs langsam seinen Gleichgewichtszustand erreicht, überwiegt die Wirkung des I-Anteils, welcher nun schrittweise die bleibende Regelabweichung beseitigt.

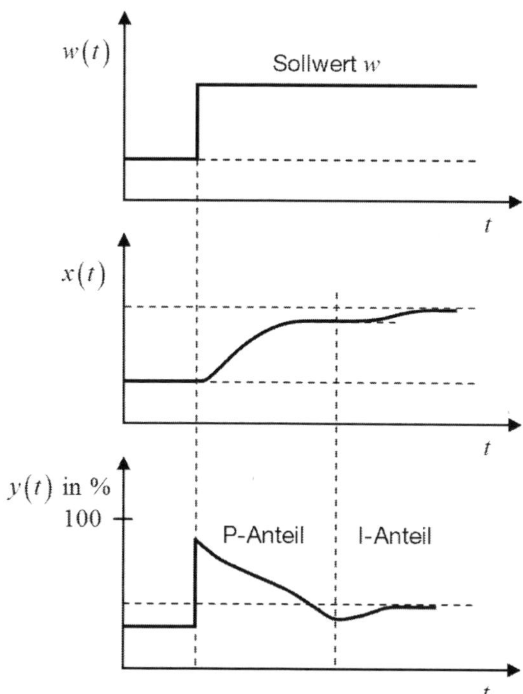

Abb. 84: Beispiel für die Bildung der Stellgröße bei einem PI-Regler

6.9.2 Zusammenfassung PI-Regler

Reglergleichung

$$y_{PI}(t) = \frac{100\ \%}{X_P}\left[e(t) + \frac{1}{T_N} \cdot \int e(t)\,dt\right]$$

Einstellwerte am Regler: Proportionalbereich X_P und Nachstellzeit T_N

Vorteile des PI-Reglers

Schnelle Reaktion auf eine Regelabweichung, keine bleibende Regelabweichung.

Anwendungsbereiche des PI-Reglers

Schnelle Regelkreise, die keine bleibende Regelabweichung zulassen, z. B. Druck-, Temperatur-, Verhältnisregelungen.

6.10 PD-Regler

6.10.1 Eigenschaften

Nehmen wir an, in einem von Hand geregelten Regelkreis tritt eine große Störung auf, die eine Änderung der Regelgröße verursacht. Der Bediener wird versuchen, die Auswirkung der Störung gering zu halten, indem er anfänglich das Stellglied besonders stark verstellt. Anschließend wird er die Verstellung bereits nach kurzer Zeit wieder zurücknehmen, um jetzt durch ein langsames Verstellen des Stellgliedes einen neuen Gleichgewichtszustand des Regelkreises zu erreichen.

Ein PD-Regler reagiert ähnlich wie der soeben genannte Bediener. Ein proportional wirkender P-Anteil und ein differenziell wirkender D-Anteil arbeiten zusammen. Der P-Algorithmus ist für sich alleine arbeitsfähig, der P-Regler ist schnell, ergibt jedoch eine bleibende Regeldifferenz. Der D-Anteil weist „vorausschauende" Eigenschaften auf, er differenziert aber nur. Er reagiert nicht auf die Größe oder Dauer der Regeldifferenz, sondern auf die Geschwindigkeitsänderung der Regelgröße. Deshalb kann der D-Anteil alleine nicht als Regler verwendet werden. So liegt es nahe, einen P-Regler mit einem D-Regler zu kombinieren. Als Ergebnis erhält man einen idealen PD-Regler. Er kann durch eine Parallelschaltung eines P- und eines D-Reglers aufgebaut werden. Durch die Parallelschaltung von P- und D-Regler erhält man die Vorteile beider Algorithmen, während zugleich die jeweiligen Nachteile beseitigt werden.

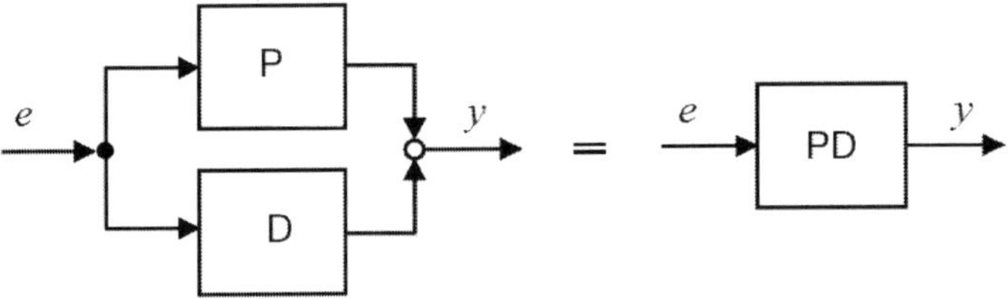

Abb. 85: Blockstruktur eines idealen PD-Reglers

Der PD-Regler kombiniert den P-Regler mit einem D-Anteil. Der D-Anteil bewertet durch Differenzieren die Änderung einer Regelabweichung und berechnet so deren Änderungsgeschwindigkeit. Diese wird mit dem Differenzierbeiwert K_D multipliziert und zum P-Anteil hinzuaddiert. Der PD-Regler reagiert damit schon auf Ankündigungen von Veränderungen, dies bewirkt sozusagen ein Vorhalten beim Regeln.

Die Anstiegsantwort eines PD-Reglers erhalten wir durch Überlagerung (Summieren) der Anstiegsantwort eines P- und eines D-Reglers (Abb. 86). Wir nehmen an, dass die größer werdende Regelabweichung aus einem kleiner werdenden Istwert resultiert. Zu Beginn der Anstiegsfunktion ist bereits ein Stellgrad des D-Anteils vorhanden, da dieser Stellgrad proportional zur Änderungsgeschwindigkeit der Regeldifferenz ist. Der P-Anteil benötigt die Vorhaltzeit T_V, bis er den gleichen Stellgrad wie der D-Anteil aufgebaut hat. Die Vorhaltzeit ergibt sich, wenn man die schräg ansteigende Gerade des PD-Reglerstellgrades bis zu ihrem Schnittpunkt S auf der Zeitachse verlängert.

Der PD-Regler ist um die Vorhaltzeit T_V schneller als ein reiner P-Regler.

Im Prinzip hat der D-Anteil folgende Auswirkungen:
Sobald sich die Regelgröße verändert, wirkt der D-Anteil dieser Änderung entgegen. Für einen Regler mit inversem Wirksinn würde dies z. B. bedeuten:

- Verkleinert sich die Regelgröße aufgrund einer Störung in der Regelstrecke, bildet der D-Anteil einen positiven Stellgrad, welcher der Verkleinerung der Regelgröße entgegenwirkt.
- Vergrößert sich die Regelgröße aufgrund einer Störung in der Regelstrecke, bildet der D-Anteil einen negativen Stellgrad, welcher der Vergrößerung der Regelgröße entgegenwirkt.

Für eine Anstiegsfunktion setzt sich die Änderung der Stellgröße aus zwei Teilen zusammen.

Teil1, P-Regler, die Änderung der Stellgröße ist:

$$\Delta y_P = K_P \cdot \Delta e$$

Teil 2, D-Regler, die Änderung der Stellgröße ist:

$$\Delta y_D = K_D \cdot \frac{\Delta e}{\Delta t}$$

Die Addition der beiden Teile ergibt:

$$\Delta y_{PD} = \Delta y_P + \Delta y_D = K_P \cdot \Delta e + K_D \cdot \frac{\Delta e}{\Delta t}$$

Mit $T_V = \frac{K_D}{K_P}$ aus 6.8.2 und $K_P = \frac{100\ \%}{X_P}$ aus 6.6.2 folgt die **Reglergleichung**:

$$\Delta y_{PD} = \frac{100\ \%}{X_P} \cdot \left(\Delta e + T_V \cdot \frac{\Delta e}{\Delta t} \right)$$

Für eine sich **ändernde, zeitabhängige Regeldifferenz** gilt die **Reglergleichung**:

$$y_{PD}(t) = \frac{100\ \%}{X_P} \cdot \left(e(t) + T_V \cdot \frac{de(t)}{dt} \right)$$

Zu y_{PD} kann auch ein Wert y_0 addiert werden. Der Summand y_0 steht dann wie beim P-Regler (siehe 6.6.4) für die Arbeitspunkteinstellung, also den voreingestellten Wert der Stellgröße, den der Regler im ausgeregelten Zustand bei $e = 0$ ausgibt.

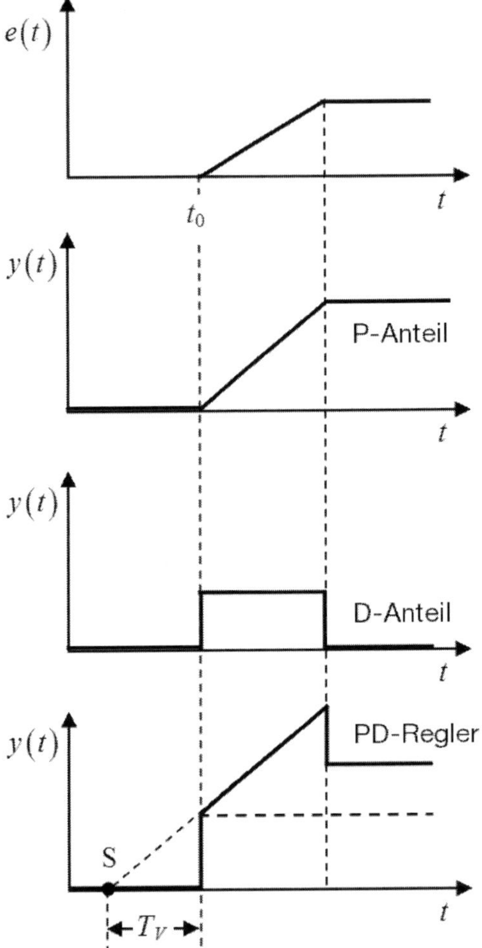

Abb. 86: Anstiegsantwort eines idealen PD-Reglers

Wir haben gesehen, dass bei einem PI-Regler eine Änderung des Proportionalbereiches X_P auch ein geändertes integrales Verhalten bewirkt. **Ebenso bewirkt bei einem PD-Regler eine Änderung des Proportionalbereiches X_P auch ein geändertes differenzierendes Verhalten**. Bei einer Verkleinerung des Proportionalbereiches wird der P-Anteil und zusätzlich der D-Anteil größer.

Beispiel 42

Will man beim PD-Regler den P-Regleranteil verdoppeln, aber den D-Regleranteil konstant halten, so muss man den Wert X_P halbieren und gleichzeitig den Wert T_V ebenfalls halbieren.

Wie bereits beim PI-Regler wird das zeitliche Zusammenwirken der beiden Anteile eines PD-Reglers nun etwas genauer betrachtet (Abb. 87). Wird ein neuer Sollwert vorgegeben, so erhöht sich der Stellgrad durch den P-Anteil proportional zur Regelabweichung. Durch den erhöhten Stellgrad reagiert die Regelgröße, z. B. wird eine Ofentemperatur größer. Sobald sich der Istwert verändert, beginnt der D-Anteil zu wirken: Während sich der Istwert vergrößert, bildet der D-Anteil einen negativen Stellgrad. Dieser wird vom Stellgrad des P-Anteils abgezogen und ergibt den Stellgrad am Reglerausgang. Beim Anfahren an den Sollwert „bremst" der D-Anteil und verhindert somit ein Überschwingen der Regelgröße über den Sollwert. Hat die Regelgröße nach einem Überschwingen über den Sollwert ihr Maximum erreicht und wird jetzt kleiner, gibt der D-Anteil einen positiven Stellgrad aus. Der D-Anteil wirkt auch in diesem Fall der Veränderung der Regelgröße entgegen. Der D-Anteil greift somit nur bei einer Veränderung der Regelgröße in den Prozess ein. Wie hoch der Stellgrad des D-Anteils ist, hängt von der Geschwindigkeit der Regelgrößenänderung, also von der Größe $\Delta x / \Delta t$ ab. Die Wirkung des D-Anteils kann durch die Vorhaltzeit T_V am Regler verändert werden. Eine kleine Vorhaltzeit T_V bewirkt ein nur kurzes, eine lange Vorhaltzeit ein langes Wirken des D-Anteils.

Am Anfang des Regelvorgangs ist ausschließlich die extrem schnelle Reaktion des D-Anteils wirksam, während unmittelbar darauf der P-Anteil für den Rest des Regelvorganges verantwortlich ist. Am Ende wirkt also nur der P-Regler, der wieder eine bleibende Regelabweichung zurücklässt.

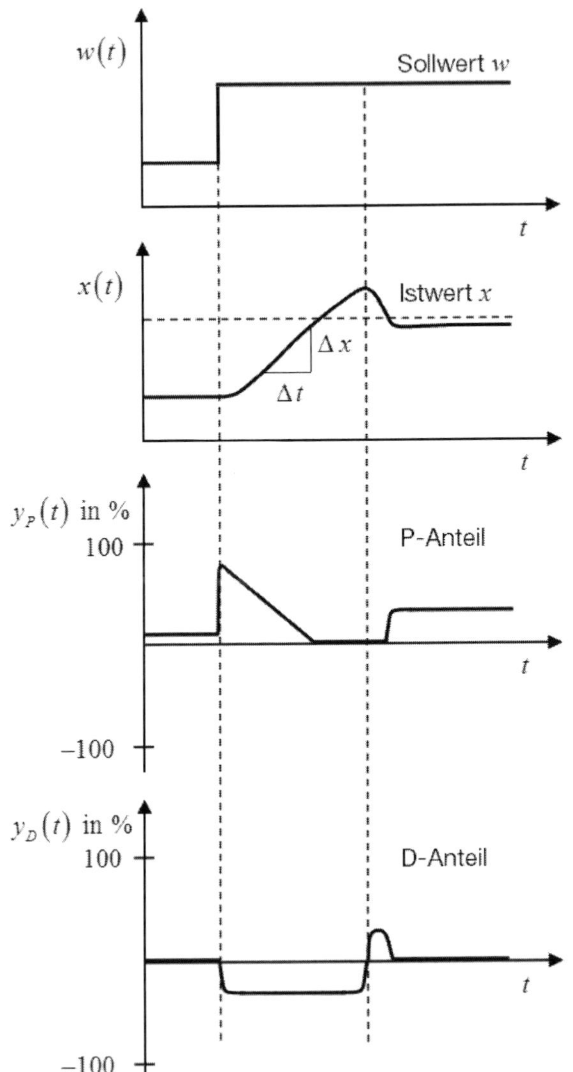

Abb. 87: Beispiel für die Bildung der Stellgröße bei einem PD-Regler

Bisher wurde nur die Anstiegsantwort des idealen PD-Reglers betrachtet, da ein Eingangssprung durch den D-Anteil zu einem unendlich hohen und unendlich schmalen Nadelimpuls als Anteil in der Sprungantwort führt (siehe Abschnitt 6.8.1). Grundsätzlich kann man jedoch auch die Sprungantwort eines PD-Reglers betrachten, so wie vorher beim P-, I- und PI-Regler.

Bei einem Sprung ist die Änderungsgeschwindigkeit unendlich groß. Das von einem Sprung abgeleitete D-Signal hätte theoretisch eine unendlich hohe und unendlich schmale Nadelfunktion zur Folge. Theoretisch müsste somit die Stellgröße für eine unendlich kleine Zeit einen unendlich großen Wert annehmen, und dann sofort wieder auf den vom P-Anteil verursachten Anteil zurückgehen. Physikalisch ist jedoch eine unendlich große Amplitude nicht realisierbar, sie würde einer unendlich großen Leistung entsprechen. Außerdem würde ein solch kurzer Impuls die Regelstrecke kaum beeinflussen. Das sofortige Abklingen des D-Anteiles wird in der Praxis verhindert. Dies kann bei einem realen Regler durch eine immer vorhandene parasitäre Zeitverzögerung erfolgen. Das ideale (nicht mögliche, theoretische) PD-Verhalten geht dadurch in ein reales PDT-Verhalten über. Eine weitere Möglichkeit ist, dem PD-Regler ein T_1-Glied in Reihe zu schalten. Das T_1-Glied verhält sich wie eine Strecke 1. Ordnung mit einem Übertragungsbeiwert von eins, man erhält einen PDT$_1$-Regler. T_1 ist die Zeitkonstante des T_1-Gliedes. In der Praxis wird diese Zeitkonstante auf $T_1 = T_V/4$ eingestellt und bei Veränderung von T_V ebenfalls in diesem Verhältnis verändert. Aus der Sprungantwort kann aus T_1 die Vorhaltzeit $T_V = 4 \cdot T_1$ bestimmt werden. T_1 ist üblicherweise durch den Hersteller vorgegeben und kann durch den Anwender nicht verändert werden.

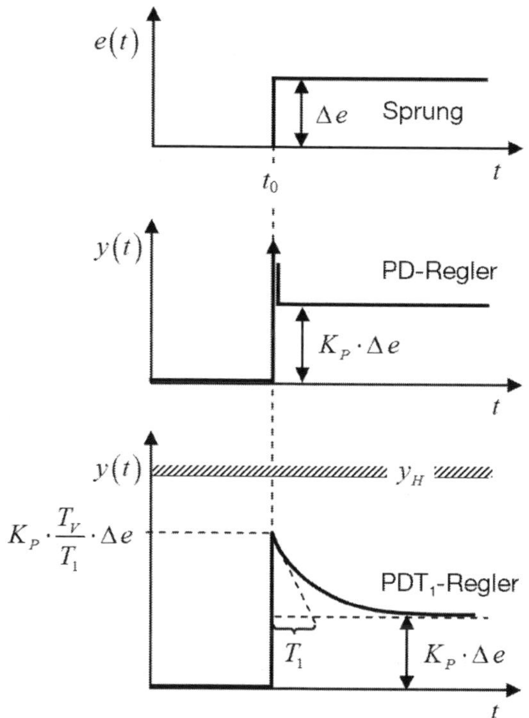

Abb. 88: Sprungantwort eines PDT$_1$-Reglers ($T_V > T_1 > 0$)

6.10.2 Zusammenfassung PD-Regler

Reglergleichung

$$y_{PD}(t) = \frac{100\ \%}{X_P} \cdot \left(e(t) + T_V \cdot \frac{de(t)}{dt} \right)$$

Einstellwerte am Regler: Proportionalbereich X_P und Vorhaltzeit T_V

Vorteile des PD-Reglers

Extrem schnelle Reaktion zu Beginn des Regelvorgangs auf eine Regelabweichung. Der PD-Regler ist um die Vorhaltzeit T_V schneller als ein reiner P-Regler. Durch sein „bremsendes Verhalten" stabilisiert er auch den Regelkreis.

Nachteile des PD-Reglers

Der PD-Regler hat wie der P-Regler bei Strecken mit Ausgleich eine bleibende Regeldifferenz, da der D-Anteil im Beharrungszustand ohne Einfluss ist.

Ein Nachteil aller Regler mit D-Anteil kann eine Unruhe im Kreis sein. Rauschen wird z. B. durch die Differenziation weiter verstärkt. Die Folge von großen Änderungen der Stellgröße als Folge von schnellen Änderungen des Sollwertes kann sein, dass das Stellglied oder der Aktuator diese wegen Übersteuerung nicht umsetzen kann. Der D-Anteil könnte in solch einem Fall wegen Begrenzungseffekten wirkungslos sein. Ungeeignet ist der D-Anteil für Strecken mit pulsierenden Größen, wie Druck- oder Durchflussregelungen.

Anwendungsbereiche des PD-Reglers

Ein reiner D-Regler ist in der Praxis ohne Bedeutung, da er eine gleichbleibende Regelabweichung unberücksichtigt lässt und nur auf die Änderungsgeschwindigkeit des Istwertes reagiert. Der PD-Regler dagegen findet häufig Anwendung. Er wird immer dann eingesetzt, wenn ein P-Regler aufgrund seiner schlechteren Regeldynamik nicht ausreicht. Dies gilt zumeist bei Regelstrecken mit größeren Verzögerungen, bei denen ein stärkeres Überschwingen der Regelgröße (verursacht durch ein großes K_P) vermieden werden muss, da Werkzeuge oder Gut empfindlich gegen Sollwertüberschreitungen sind (z. B. bei kunststoffverarbeitenden Maschinen). Der PD-Regler kommt zum Einsatz, wenn die Ausregelung möglichst schnell erfolgen soll und ein kleiner statischer Regelfehler toleriert wird.

6.11 PID-Regler

6.11.1 Eigenschaften

Beim PI- und PD-Regler wurde gezeigt, dass die Kombination eines I- oder D-Anteils mit einem P-Regler bestimmte Vorteile bietet. Werden alle drei Strukturen miteinander verknüpft, so erhält man den PID-Regler. Die Änderung der Stellgröße eines PID-Reglers setzt sich aus einem proportionalen, integralen und differenzierenden Anteil zusammen.

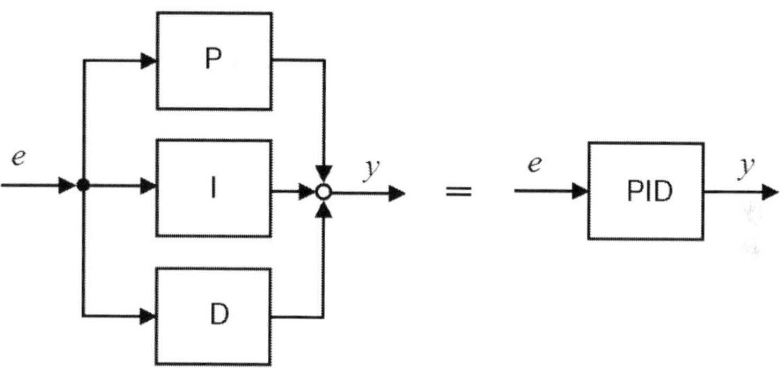

Abb. 89: Blockstruktur eines idealen PID-Reglers (ohne Verzögerung)

Die Sprungantwort eines PID-Reglers lässt den Einfluss der zugrunde liegenden jeweiligen Grundtypen erkennen. Tritt am Eingang des PID-Reglers eine Sprungfunktion auf, so erhält man am Ausgang unmittelbar die Reaktion des P- und des D-Anteils. Während der D-Anteil sofort wieder auf null zurückgeht und der Ausgang somit sofort wieder auf den P-Anteil abfällt, wächst der I-Anteil nur langsam an, wird aber mit der Zeit immer größer.

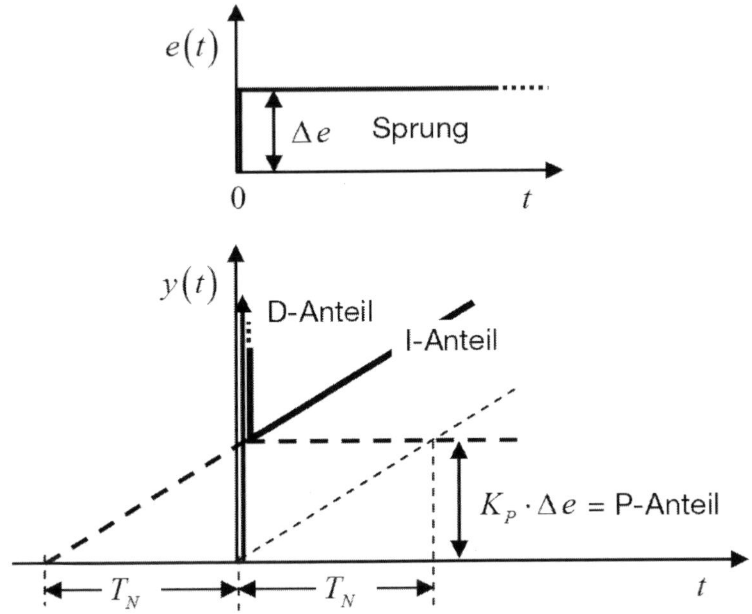

Abb. 90: Sprungantwort des idealen PID-Reglers

Bei der Darstellung des Differenzialverhaltens wurde bereits erläutert, dass die Sprungantwort des D-Anteils zu einem theoretisch unendlich hohen Nadelimpuls führen müsste, der natürlich praktisch nicht realisierbar ist. Deshalb wird dieser Nadelimpuls bei praktischen Reglern durch ein DT_1-Verhalten ersetzt, es ergibt sich die Sprungantwort eines $PIDT_1$-Reglers.

Der reale PID-Regler enthält zusätzlich ein Verzögerungsglied 1. Ordnung. Die Sprungantwort nähert sich nach einem differenziellen Sprung an die Stellgrenze asymptotisch dem I-Anteil. Die Integration endet an der Stellgrenze des Verstärkers.

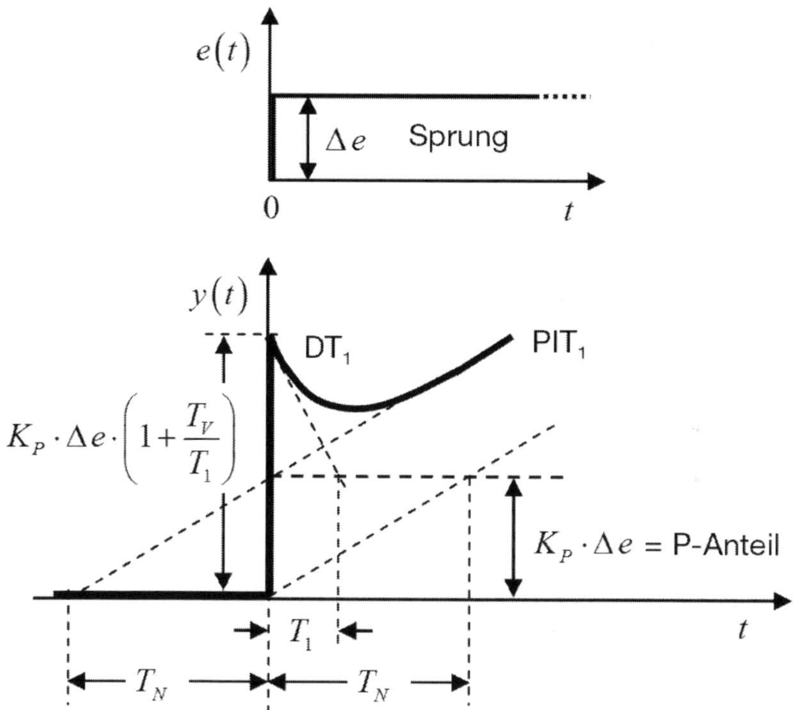

Abb. 91: Sprungantwort des PIDT$_1$-Reglers

Für einen idealen PID-Regler gilt folgende **Reglergleichung**:

$$y_{PID}(t) = \frac{100\,\%}{X_P} \cdot \left[e(t) + \frac{1}{T_N} \int e(t)\,dt + T_V \cdot \frac{de(t)}{dt} \right]$$

Beim PID-Regler sind zur Festlegung des Reglerverhaltens die Parameter X_P, T_N und T_V einzustellen. Die einzelnen Parameter haben unterschiedliche Auswirkungen auf die einzelnen Anteile.

- **Größeres X_P (entspricht kleinerem K_P): Entspricht kleinerem P-Anteil**
- **Größeres T_N: Entspricht kleinerem I-Anteil**
- **Größeres T_V: Entspricht größerem D-Anteil**

Bei einigen Reglern mit PID-Verhalten lassen sich T_V und T_N nicht getrennt einstellen. Es hat sich in der Praxis gezeigt, dass sich meist ein günstiges Verhalten bei einem Verhältnis $T_V = T_N/4$ oder $T_V = T_N/5$ ergibt. Dieses Verhältnis ist oft im Regler fest eingestellt und nur ein Parameter (meist T_N) kann verändert werden.

Aus den Reglergleichungen für den PI-, PD- und PID-Regler ist zu erkennen, dass das I- und das D-Verhalten eines PID-Reglers nicht nur durch die Einstellung der Parameter T_N und T_V, sondern auch durch den Proportionalbereich mit der Wahl von X_P beeinflusst wird. Erhöht man bei einem PID-Regler die Proportionalverstärkung K_P auf den doppelten Wert (durch Halbierung von X_P), so besitzt der Regler nicht nur ein doppelt so großes Proportionalverhalten, sondern auch der I- und der D-Anteil wird auf den doppelten Wert vergrößert.

Eine Veränderung der Proportionalverstärkung verändert in gleichem Maß das I- und das D-Verhalten eines PID-Reglers.

Eine Veränderung des Regelparameters X_P führt also zwangsläufig zu einer Änderung des Beitrages des I- und/oder D-Reglers, falls T_N und T_V nicht entsprechend angepasst werden.

Beispiel 43

Bei einem PID-Regler soll der P-Anteil verdoppelt werden, I- und D-Anteil sollen konstant bleiben.

Vorher: X_P, T_N, T_V

Nachher: $X_P' = \frac{1}{2} X_P,\ T_N' = 2 \cdot T_N,\ T_V' = \frac{1}{2} T_V$

Beispiel 44

Bei einem PID-Regler soll der I-Anteil verdoppelt werden, P- und D-Anteil sollen konstant bleiben.

Vorher: X_P, T_N, T_V

Nachher: $X_P' = X_P,\ T_N' = \frac{1}{2} T_N,\ T_V' = T_V$

Beispiel 45

Gegeben sind folgende Daten eines PID-Reglers: $X_P = 12\ °C$, $T_N = 50\ min$, $T_V = 1\ s$.

Der Beitrag des P-Reglers soll um 20 %, der des D-Reglers um 80 % erhöht werden. Der I-Anteil soll konstant bleiben. Wie lauten die neuen Werte der Parameter?

Lösung

P-Regler: $$\frac{1}{X_P'} = 1{,}2 \cdot \frac{1}{X_P};\ X_P' = \frac{X_P}{1{,}2} = \frac{12\ °C}{1{,}2} = \underline{\underline{10\ °C}}$$

I-Regler: $$\frac{1}{X_P'} \cdot \frac{1}{T_N'} \cdot \int e\,dt = \frac{1}{X_P} \cdot \frac{1}{T_N} \cdot \int e\,dt;$$

$$T_N' = \frac{X_P \cdot T_N}{X_P'} = \frac{12\ °C \cdot 50\ min}{10\ °C} = \underline{\underline{60\ min}}$$

D-Regler: $$\frac{1}{X_P'} \cdot T_V' \cdot \frac{de}{dt} = 1{,}8 \cdot \frac{1}{X_P} \cdot T_V \cdot \frac{de}{dt};$$

$$T_V' = 1{,}8 \cdot \frac{X_P' \cdot T_V}{X_P} = 1{,}8 \cdot \frac{10\ °C \cdot 1\ s}{12\ °C} = \underline{\underline{1{,}5\ s}}$$

6.11.2 Zusammenfassung PID-Regler

Reglergleichung

$$\boxed{y_{PID}(t) = \frac{100\ \%}{X_P} \cdot \left[e(t) + \frac{1}{T_N} \int e(t)\,dt + T_V \cdot \frac{de(t)}{dt} \right]}$$

Einstellwerte am Regler: Proportionalbereich X_P, Nachstellzeit T_N und Vorhaltzeit T_V

Anteil I-Regler null (I-Regler „aus“): $T_N = \infty$ wählen

Anteil D-Regler null (D-Regler „aus“): $T_V = 0$ wählen

Vorteile des PID-Reglers

Der PID-Regler vereinigt die günstigen Eigenschaften des P-, I- und D-Reglers. Der P-Anteil reagiert beim Auftreten einer Regeldifferenz mit einer entsprechenden Stellgröße. Der D-Anteil wirkt Änderungen der Regelgröße entgegen und lässt den Regelkreis stabiler werden. Die bleibende Regelabweichung wird durch den I-Anteil beseitigt.

Nachteile des PID-Reglers

Nicht für Strecken ohne Verzögerung geeignet.

Anwendungsbereiche des PID-Reglers

In den meisten Anwendungen kommt ein universeller PID-Regler zum Einsatz. Der PID-Regler wird in Regelkreisen mit Strecken zweiter und höherer Ordnung eingesetzt, die schnell ausgeregelt werden müssen und keine bleibende Regelabweichung zulassen.

6.12 Symbole für stetige Regler

In die rechteckigen Symbole (Funktionskästen) von Reglern können direkt die Anfangsbuchstaben der Reglerart eingetragen werden. Einige Beispiele: P = Proportionalregler, PI = Proportional-Integralregler oder PI-Regler, PID = PID-Regler. In den rechteckigen Symbolen kann jedoch auch das Übertragungsverhalten in Form der Sprungantwort in vereinfachter Form skizziert sein.

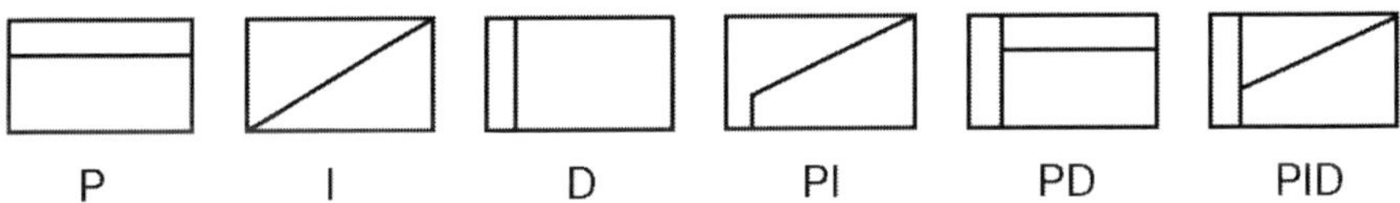

P I D PI PD PID

Abb. 92: Symbole einiger Reglerarten

6.13 Arbeitsweise von Regelkreisen mit stetigen Reglern

In diesem Abschnitt soll kurz das Zusammenspiel von Regelstrecke und Regler im Regelkreis untersucht werden. Näher betrachtet werden das stabile und instabile Verhalten sowie das Führungs- und Störverhalten.

6.13.1 Stabilität

Bei der Betrachtung von Regelkreisen spricht man auch vom *statischen* und *dynamischen* Verhalten des Regelkreises. Das statische Verhalten eines Regelkreises kennzeichnet den Ruhezustand des Regelkreises nach Ablauf aller zeitabhängigen Einschwingvorgänge (Ausgleichsvorgänge), also den Zustand lange Zeit nach einer vorangegangenen Änderung der Stör- oder Führungsgröße. Das dynamische Verhalten betrifft vor allem das Verhalten des Regelkreises bei Änderungen, d. h. den Verlauf von einem Ruhezustand in den darauf folgenden Ruhezustand.

Nimmt man eine Regelstrecke in Betrieb, so erwarten wir einen Verlauf der beteiligten Größen wie in Abb. 93 gezeigt.

- Nach einer neuen Vorgabe oder einer Änderung der Führungsgröße soll bei einer Festwertregelung die Regelgröße x in möglichst kurzer Zeit ohne großes Überschwingen die vorgegebene Führungsgröße w erreichen und diesen Wert auch beibehalten. Dieses Einlaufen (Anfahren) der Regelgröße in einen neuen Wert der Führungsgröße wird auch als Führungsverhalten bezeichnet.
- Nachdem die Regelgröße die Führungsgröße erreicht hat soll die Regelgröße einen konstanten Wert ohne größere Schwankungen einhalten, der Regler soll stabil arbeiten.
- Tritt eine Störung innerhalb der Regelstrecke auf, so soll der Regler ebenfalls in der Lage sein, diese mit möglichst kleinem Überschwingen in einer relativ kurzen Ausregelzeit auszuregeln. Das heißt, der Regler soll auch ein gutes Störverhalten aufweisen.

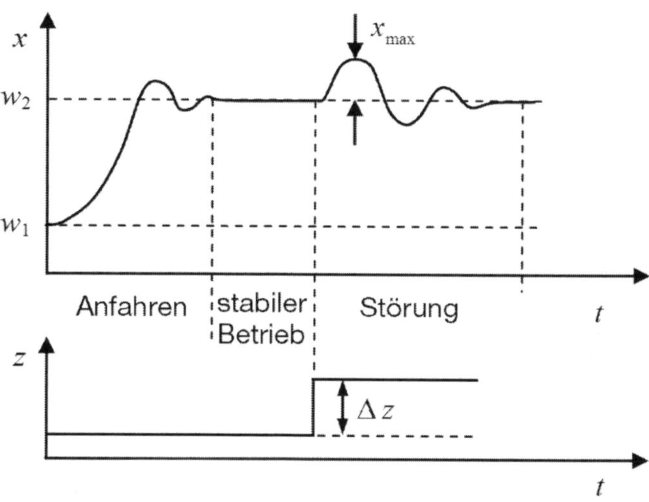

Abb. 93: Verlauf der Regelgröße im geschlossenen Regelkreis

Nach Ablauf des Anfahrvorganges soll die Regelgröße den durch die Führungsgröße vorgegebenen konstanten Wert annehmen und in einen stabilen Betrieb übergehen. Es kann jedoch vorkommen, dass der Regelkreis instabil wird und die Stellgröße sowie Regelgröße periodische Schwingungen ausführen. Dies kann sogar dazu führen, dass die Amplitude dieser Schwingung u. U. nicht konstant bleibt, sondern laufend wächst bis sie periodisch zwischen einem oberen und unteren Maximalwert hin und her pendelt. Abb. 94 zeigt die beiden Fälle eines instabilen Regelkreises.

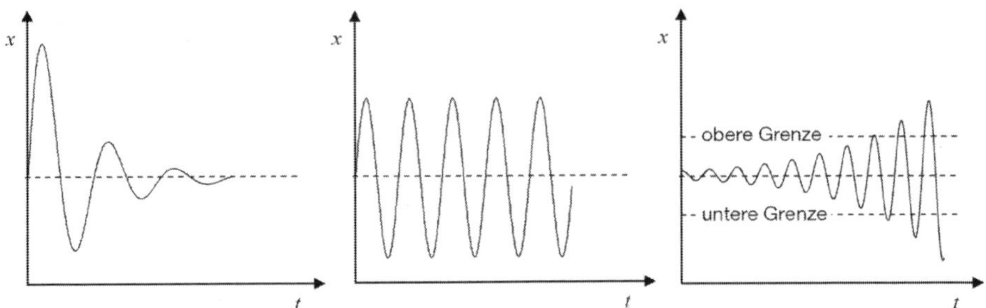

Abb. 94: Stabiler Regelkreis (links), schwingender Regelkreis an der Stabilitätsgrenze (Mitte), instabiler Regelkreis (rechts)

Man spricht dabei häufig von der Selbsterregung des Regelkreises. Die Ursache eines solchen instabilen Verhaltens sind meist kleine Störamplituden im Regelkreis, die eine gewisse Unruhe in den Kreis bringen. Die Selbsterregung ist im Wesentlichen vom Aufbau des Regelkreises unabhängig, egal ob dieser mechanisch, hydraulisch oder elektrisch ist, sie tritt dann auf, wenn die zurückgeführte Schwingung eine größere Amplitude und die gleiche Phasenlage wie das Eingangssignal hat.

Werden in einem stetigen, stabil arbeitenden Regelkreis gewisse Betriebsbedingungen (z. B. Reglereinstellungen) verändert, so muss immer damit gerechnet werden, dass der Regelkreis instabil wird. In der Praxis wird ein stabiles Verhalten erreicht, indem man die Verstärkung im Regelkreis hinreichend klein und die Reglerzeitkonstante hinreichend groß wählt.

Wie in Abschnitt 4.2 bereits angesprochen, gibt es im Wesentlichen zwei Fälle, die eine Veränderung der Regelgröße zur Folge haben. Je nach Ursache spricht man bei der Beschreibung des Streckenverhaltens im Regelkreis von Stör- oder Führungsverhalten.

Stör- und Führungsverhalten in einem Regelkreis sind im Allgemeinen nicht gleich. Dies liegt u. a. daran, dass die jeweiligen Veränderungen auf unterschiedliche Zeitglieder bzw. an verschiedenen Eingriffsorten im Regelkreis wirken.

Oft ist aber nur eine der beiden Verhaltensweisen der Strecke von Bedeutung: Bei einem Motor, an dessen Welle laufend wechselnde Belastungen auftreten und der trotzdem eine konstante Drehzahl einhalten soll, ist sicher nur das Störverhalten von Bedeutung. Bei einem Ofen, bei dem das Gut nach einem gewissen Sollwertprofil über die Zeit auf unterschiedliche Temperaturen gebracht werden soll, ist dagegen das Führungsverhalten interessanter.

Die Regelung dient dazu, das Streckenverhalten in gewünschter Weise zu beeinflussen, d. h. das Stör- oder Führungsverhalten zu verändern. Dabei ist es im Allgemeinen nicht möglich beide Verhaltensweisen in gleicher Weise ausreichend zu korrigieren. Hier muss man entscheiden, ob die Regelung auf Stör- oder Führungsverhalten der Strecke optimiert werden soll. Hierauf wird im Abschnitt 7 (Einstellung der Regelparameter) eingegangen.

6.13.2 Führungsverhalten des Regelkreises

Führungsverhalten: Die Führungsgröße wurde geändert und der Prozess hat ein neues Gleichgewicht erreicht. Das Führungsverhalten entspricht dem Verhalten des Regelkreises auf eine Führungsgrößenänderung.

Bei einem Regelkreis mit gutem Führungsverhalten soll die Regelgröße bei Änderung der Führungsgröße den neuen Wert der Führungsgröße möglichst schnell, ohne bleibende Regelabweichung und mit einem kleinen Überschwingen erreichen. Man kann zwar ein Überschwingen durch eine andere Reglereinstellung verhindern, dies jedoch nur bei verlängerter Ausregelzeit. Nach dem Schließen des Regelkreises dauert es eine gewisse Zeit, bis die Regelgröße den am Regler vorgegebenen Wert der Führungsgröße erreicht hat. Dieses Anfahren an die Führungsgröße kann kriechend oder schwingend erfolgen (siehe auch Abb. 48). Auf welches Verhalten des Regelkreises man Wert legt, ist von Fall zu Fall verschieden und hängt von dem zu regelnden Prozess ab.

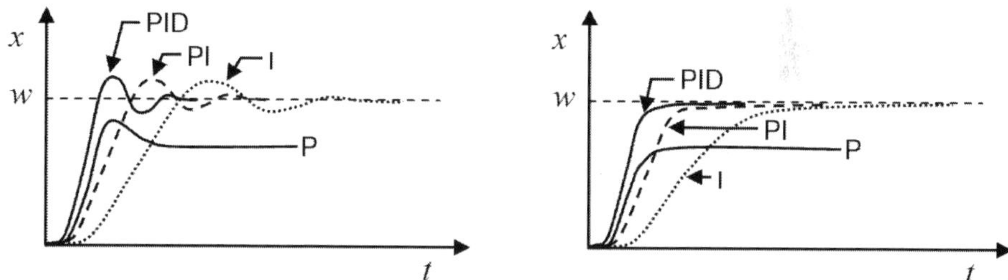

Abb. 95: Anfahren an die Führungsgröße, schwingend (links) und kriechend (rechts)

6.13.3 Störverhalten des Regelkreises

Störverhalten: Auf den Prozess wirkt von außen eine Störung und verschiebt das bisherige Gleichgewicht, bis sich wieder ein stabiler Istwert ausgebildet hat. Das Störverhalten bestimmt die Reaktion auf äußere Änderungen, z. B. das Öffnen eines Fensters bei einer Regelung der Raumtemperatur.

Ist der Anfahrvorgang beendet und der Regelkreis stabil, so ist es jetzt die Aufgabe des Reglers, den Einfluss von Störgrößen weitestgehend zu unterdrücken. Tritt eine Störung auf, so hat dies immer eine vorübergehende Regelabweichung zur Folge, die erst nach einer gewissen Zeit ausgeregelt wird. Will man eine gute Regelgüte erreichen, so sollen die Überschwingweite, die bleibende Regelabweichung und die Ausregelzeit so klein wie möglich sein. Auf die Größe von Störungen hat man in einem Regelkreis oft keinen Einfluss. Eine hohe Regelgüte kann man dann nur durch eine geeignete Wahl des Reglertyps und eine entsprechende Optimierung erreichen.

Die Störgrößen können an unterschiedlichen Stellen an der Regelstrecke angreifen. Je nach Angriffspunkt der Störgröße ist die Auswirkung auf den zeitlichen Verlauf der Regelgröße unterschiedlich. Abb. 96 zeigt den Verlauf einer Störsprungantwort der Regelstrecke, wenn eine Störung am Anfang, in der Mitte und am Ende der Strecke angreift.

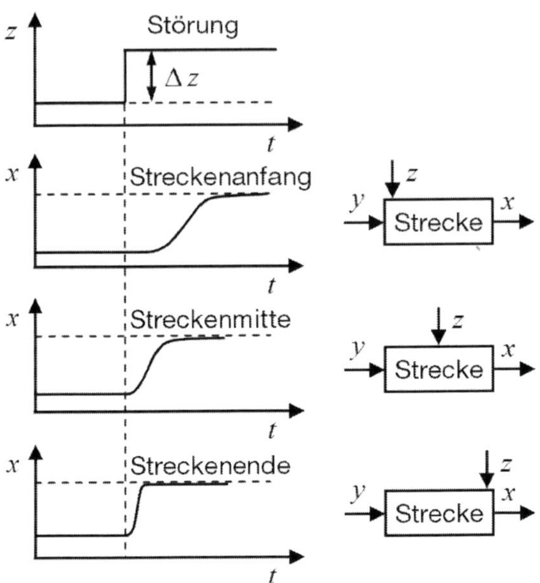

Abb. 96: Sprungantwort einer Regelstrecke bei unterschiedlichen Angriffspunkten der Störung

6.14 Unstetige Regler

Regler können nach der Art der möglichen Stellgrößenänderung in stetige und unstetige Regler eingeteilt werden. Einige hier erläuterte Begriffe wurden bereits in Abschnitt 6.2.3 kurz angesprochen.

Bei stetigen Reglern mit z. B. P-, I-, PI-, PD- und PID-Verhalten kann jeder Wert der Stellgröße y im gesamten Stellbereich zwischen den Grenzwerten $y = 0$ und $y = y_H$ stufenlos (d. h. stetig) eingestellt werden. Somit ist eine feine Einstellung der Stellgröße zwischen 0 und 100 % des Stellbereiches realisierbar. Dadurch ist es dem Regler möglich, dass die Regelgröße x im ausgeregelten Zustand gleich der Führungsgröße w gehalten wird.

Unstetige und stetig-ähnliche Regler besitzen im Gegensatz zu den stetigen Reglern kein kontinuierliches Ausgangssignal, sie können die Stellgröße nur in groben Stufen einstellen. Die Energie- oder Massenzufuhr zur Strecke kann daher nur schrittweise verändert werden.

Mit einem unstetigen und besonders mit einem stetig-ähnlichen Regler lässt sich bei vielen Regelstrecken ein für den vorgesehenen Zweck ausreichendes Regelverhalten erzielen. Wegen der einfachen und kostengünstigen Ausgangsstufen und Stellglieder sind unstetige und stetig-ähnliche Regler sehr stark verbreitet. Sie werden in vielen Gebieten der Verfahrensregelung eingesetzt, wo die Regelstrecken relativ langsam und mit schaltenden Stellgliedern gut beherrschbar sind.

6.14.1 Zweipunktregler

Ein *Zweipunktregler* kann an seinem Ausgang als Stellgrößen nur die Zustände „Ein" und „Aus" einstellen, er wird deshalb auch als „Ein/Aus-Regler" oder „schaltender Regler" bezeichnet. Sein Ausgang kann z. B. aus einem schaltenden Kontakt (Relais) bestehen, der das Stellglied (z. B. Heizwiderstand) entweder vollständig ein- oder vollständig ausschaltet. Dieses Verhalten bezeichnet man als unstetig oder diskontinuierlich. Statt eines Relaisausgangs sind auch Spannungs- und Stromausgänge üblich. Bei diesen Ausgängen handelt es sich jedoch (anders als beim stetigen Regler) um Binärsignale, die z. B. nur die Werte „keine Spannung da" oder „Spannung da" annehmen. Mit diesen Signalen lassen sich z. B. Halbleiterrelais ansteuern.

Der Zweipunktregler ist der einfachste Regler mit binärem Ausgang, er ist preiswert und daher am meisten verbreitet. Er wird vor allem dann benutzt, wenn die Regelung möglichst einfach sein soll und der Sollwert nicht absolut präzise eingehalten werden muss, oder wenn der Steller bzw. das Stellglied keine stetige Regelung zulässt. Dieser Regler kann vorteilhaft eingesetzt werden, wenn die Stellgröße nur zwei Zustände annehmen muss, z. B. ein Ventil soll nur offen oder geschlossen sein oder eine Energieversorgung soll nur an oder aus sein.

Eigentlich ist der Zweipunktregler ein Grenzwertschalter, welcher die Stellgröße beim Unterschreiten einer fest vorgegebenen unteren Sollwertgrenze einschaltet und beim Überschreiten einer festen oberen Sollwertgrenze ausschaltet. Der Zweipunktregler besitzt also nur zwei Schaltzustände, das Ausgangssignal wird bei Unter- bzw. Überschreiten einer Führungsgröße bzw. eines Grenzwertes ein- bzw. ausgeschaltet. Zweipunktregler werden auch als Grenzwertmelder eingesetzt, die beim Überschreiten eines Sollwertes eine Alarmmeldung absetzen.

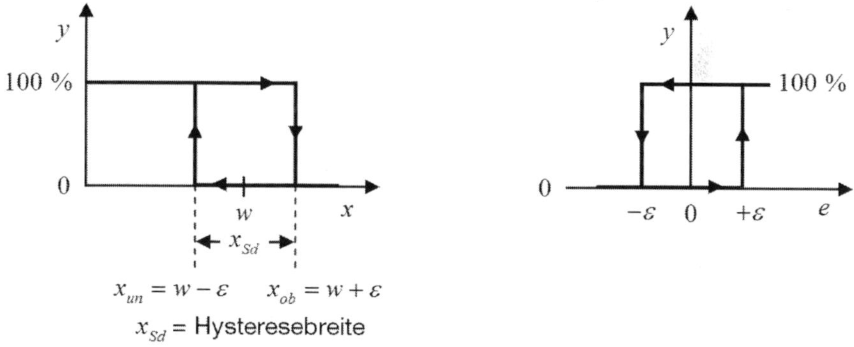

Abb. 97: Kennlinie eines Zweipunktreglers mit Hysterese (Schaltdifferenz)

Ein idealer Zweipunktregler ohne Hysterese (Schaltdifferenz) gibt bis zum Erreichen des Sollwertes 100 % der Leistung in die Strecke. Steigt die Regelgröße über den Sollwert, so wird die Leistung auf 0 % zurückgenommen. Abgesehen von der Hysterese entspricht der Zweipunktregler einem stetigen Regler mit einem $X_p = 0$, seine Verstärkung ist somit unendlich.

Bei einem realen Zweipunktregler liegen Ein- und Ausschaltpunkt der Reglerausgangsgröße nicht bei einem einzigen Punkt des Sollwertes. Um den Sollwert exakt einzuhalten, müsste man theoretisch unendlich schnell hintereinander ein- und ausschalten. Deshalb besitzt der reale Zweipunktregler eine so genannte „Hysterese". Diese stellt ein Gebiet der Abweichung um den Sollwert dar, innerhalb welcher der Istwert schwanken darf. Festgelegt werden ein Minimalwert x_{un}, der geringer als der Sollwert w ist, und ein Maximalwert x_{ob}, der etwas höher liegt als der Sollwert. Erst wenn der Istwert den Maximalwert über- oder den Minimalwert unterschreitet, reagiert die Regelung. Wird der Maximalwert der Führungsgröße überschritten, so wird die Reglerausgangsgröße ausgeschaltet, wird der Minimalwert unterschritten, so wird die Reglerausgangsgröße eingeschaltet. Die Differenz zwischen x_{ob} und x_{un} wird als *Schaltdifferenz* $x_{Sd} = x_{ob} - x_{un}$ oder als Hysterese der Regeleinrichtung bezeichnet. In den meisten Fällen sind Minimal- und Maximalwert gleich weit vom Sollwert entfernt, die Hysterese bildet dann eine symmetrische Umgebung um den Sollwert.

Kennzeichnend für den Zweipunktregler ist also ein periodisches Schwanken des Istwertes um den Sollwert, wobei die Amplitude der Schwankung gleich der Hysterese ist. Die Wahl der Hysterese hängt davon ab, wie genau der Sollwert eingehalten werden muss. Wählt man eine große Hysterese, so kann der Istwert stärker vom Sollwert abweichen. Wählt man eine kleinere Hysterese, so wird der Sollwert genauer eingehalten, aber es muss häufiger geschaltet werden. Dies hat wiederum Nachteile, z. B. einen höheren Verschleiß der Schaltvorrichtungen und des Stellers bzw. Stellgliedes.

Beispiel 46

Bei einer Heizung würde im Falle der Kesselwassertemperatur z. B. der Brenner eingeschaltet, wenn die Wassertemperatur den festgelegten Sollwert um mehr als einen bestimmten Wert unterschreitet. Der Brenner läuft dann solange weiter, bis ein bestimmter Wert, der über dem Sollwert liegt, überschritten wird. Erst dann wird der Brenner abgeschaltet.

Beispiel 47

Ein Kühlaggregat unterstützt normalerweise (ebenso wie eine Heizung) keine stetige Regelung, sondern kennt nur die Zustände „An" und „Aus". Es wird also eingeschaltet, wenn die Ist-Temperatur die Soll-Temperatur bereits um einige Grad übersteigt, und wieder ausgeschaltet, wenn die Ist-Temperatur um einige Grad zu niedrig ist.

Beispiel 48

Ein einfaches Beispiel für einen mechanischen Zweipunktregler ist der Bimetallschalter (dessen Aufbau als bekannt vorausgesetzt wird) eines Bügeleisens, der die Heizwicklung beim Erreichen der eingestellten Temperatur ausschaltet und beim Unterschreiten eines festen Wertes der Schalthysterese einschaltet.

Solche Beispiele gibt es auch auf dem Gebiet elektronischer Regler. Ein Widerstandsthermometer (Pt-100) kann als Frostschutz in einer Anlage dienen, die Auswerteelektronik schaltet bei der Unterschreitung einer Temperatur von z. B. 5 °C eine Heizung ein. Das Widerstandsthermometer ersetzt in diesem Fall gemeinsam mit der erforderlichen Auswerteelektronik den Bimetallschalter.

Verlauf der Regelgröße bei einer Strecke 1. Ordnung

Schalten wir einen Zweipunktregler an eine Regelstrecke 1. Ordnung, so erhalten wir den in Abb. 98 wiedergegebenen zeitlichen Verlauf von Regel- und Stellgröße. Ein Beispiel ist ein Temperaturregler eines Heizelementes, wenn in einem Temperierbad das Wasser umgewälzt und mit einem Tauchsieder erwärmt wird.

Beim idealen Regler würde die Energie beim Erreichen der Führungsgröße abgeschaltet werden, die Regelgröße würde sofort absinken und die Führungsgröße wieder unterschreiten. Der Regler würde dann sofort wieder einschalten usw. Da eine Strecke 1. Ordnung keine Verzugszeit hat, würde das Relais dauernd ein- und ausschalten und in kürzester Zeit zerstört sein. Durch die Schaltdifferenz x_{Sd} um den Sollwert herum ändert sich der Schaltzustand beim realen Zweipunktregler innerhalb des Hysteresebandes nicht. Der Sollwert kann aber nicht nur in der Mitte der Hysterese liegen. In der Praxis liegt die Schalthysterese oft einseitig zum Sollwert, entweder unterhalb (z. B. beim Heizen) oder oberhalb (z. B. beim Kühlen). In Abb. 98 ist ein Fall betrachtet, bei dem die Schaltdifferenz unterhalb des Sollwertes liegt. Der Ausschaltpunkt des Reglers liegt bei der Führungsgröße $w = x_{ob}$, der Einschaltpunkt liegt bei $x_{un} = w - x_{Sd}$. Ohne Regler würde die Regelgröße nach dem Einschalten verzögert nach einer Exponentialfunktion mit der Zeitkonstanten T_1 auf den Endwert $x_{\max}$ ansteigen. Vereinfachend wird angenommen, dass die Zeitkonstanten beim Ein- und Ausschaltvorgang gleich sind.

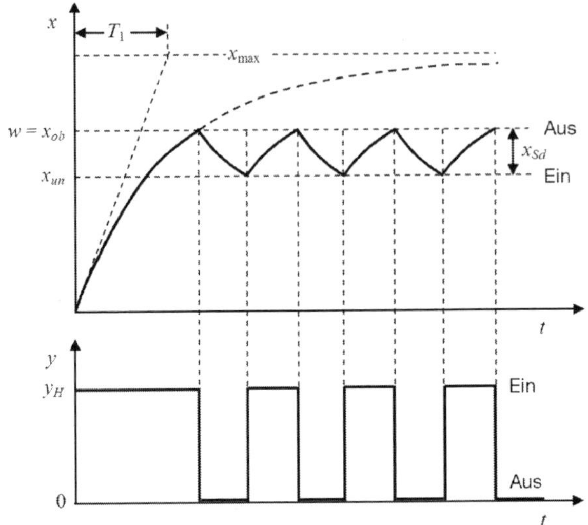

Abb. 98: Zweipunktregler an einer Strecke 1. Ordnung

Da eine reale Regelstrecke in der Praxis eine kleine Verzugszeit hat, wird der obere und untere Wert der Regelgröße nicht exakt mit den Umschaltpunkten auf den Begrenzungen der Hysterese x_{Sd} übereinstimmen. Der Regler schaltet jedoch erst, wenn die Regelgröße das durch die Hysterese festgelegte Band verlassen hat. Die Regelgröße pendelt folglich dauernd zwischen dem Wert x_{ob} und x_{un} hin und her. Die Schwankungsbreite der Regelgröße wird somit durch die Schaltdifferenz mitbestimmt. Der Zweipunktregler kann also bei einer Regelstrecke mit einer Verzögerung die Regelgröße nur innerhalb x_{ob} und x_{un} konstant halten. Das Ein- und Ausschalten kommt daher, dass die Stellgröße im eingeschalteten Zustand zu groß, im ausgeschalteten Zustand zu klein ist, um die Regelgröße konstant zu halten.

Bei sehr vielen Regelaufgaben, wo es nur auf ein ungefähres Konstanthalten der Regelgröße ankommt, stören solche Schwankungen nicht. Ein Beispiel ist ein elektrisch beheizter Haushaltsbackofen, bei dem es nicht stört, wenn bei einer Backtemperatur von $200\ °C$ die tatsächliche Temperatur im Ofen zwischen $195\ °C$ und $200\ °C$ hin und her pendelt. Stören die dauernden Schwankungen der Regelgröße, so lassen sich diese etwas minimieren, wenn man eine kleinere Schaltdifferenz x_{Sd} wählt. Damit erhalten wir jedoch automatisch mehr Schaltvorgänge pro Zeiteinheit, d. h. die Schaltfrequenz wächst. Dies ist jedoch nicht immer erwünscht, weil z. B. die Lebensdauer eines Relais im Regler abnimmt.

Für die Schaltfrequenz f_{Sch} kann folgende Beziehung abgeleitet werden:

$$f_{Sch} = \frac{1}{4} \cdot \frac{x_{max}}{x_{Sd}} \cdot \frac{1}{T_1} \quad \text{gültig für} \quad x \approx \frac{x_{max}}{2}$$

f_{Sch} = Schaltfrequenz, x_{max} = maximaler Istwert der mit dauerhaft eingeschaltetem Reglerausgang erreicht wird, T_1 = Zeitkonstante der Strecke 1. Ordnung

Aus obiger Formel ist ersichtlich: Je kleiner die Zeitkonstante T_1 ist, desto größer wird die Schaltfrequenz. Bei einer Regelstrecke mit kleiner Zeitkonstante wird sich eine sehr hohe Schaltfrequenz einstellen, die zu einer baldigen Abnutzung der Schaltstufe des Reglers führt. Aus diesem Grund ist ein Zweipunktregler für diese Art Regelstrecke nicht geeignet.

Verlauf der Regelgröße bei einer Strecke höherer Ordnung

Bei einer Regelstrecke mit *einer* Verzögerung haben wir gesehen, dass (idealisiert) die Schwankungsbreite allein durch die Schaltdifferenz x_{Sd} des Reglers bestimmt ist. Ein Einfluss der Strecke ist hier nicht vorhanden. Bei einer Regelstrecke mit *mehreren* Verzögerungen, die durch Verzugszeit T_u, Ausgleichszeit T_g und Übertragungsbeiwert K_S beschrieben werden kann, ist dies nicht mehr der Fall. Sobald Verzögerungen vorliegen, wird die Regelgröße auch nach Abschalten weiter steigen und erst nach Erreichen eines Maximums zurückgehen. Genauso wird sie nach dem Einschalten weiter fallen und erst nach Erreichen eines Minimums ansteigen. In Abb. 99 ist zu sehen, wie die Regelgröße beim Ein- und Ausschalten der Stellgröße über die Ansprechgrenzen des Relais hinaus verläuft. Die Regelgröße weist jetzt ein Überschwingen auf, dessen Grenzen durch die Werte x_{ob} und x_{un} angegeben sind. Für die Schwankungsbreite gilt jetzt: $\Delta x > x_{Sd}$. Schwankungen der Regelgröße wären also selbst dann vorhanden, wenn die Schaltdifferenz des Reglers null wäre. Der Grund ist, dass die Strecke erst nach Verstreichen der Verzugszeit auf die Stellgrößenänderungen reagiert.

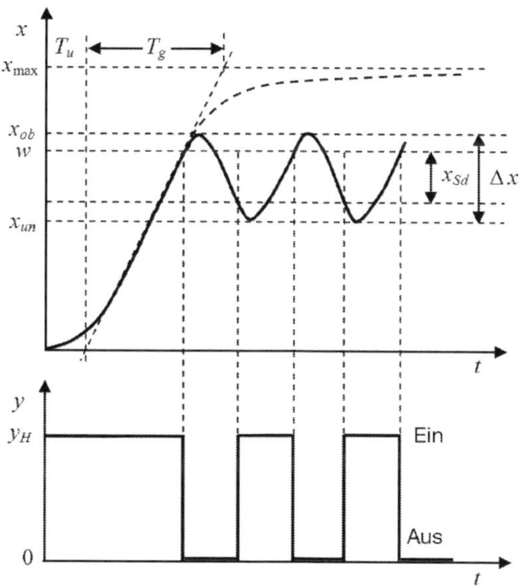

Abb. 99: Zweipunktregler an einer Strecke höherer Ordnung

Verlauf der Regelgröße bei Strecken ohne Ausgleich

Da die Sprungantwort einer integrierenden Regelstrecke linear (eine Gerade) ist (siehe Abschnitt 6.7.1), kann das Verhalten eines Zweipunktreglers einfach beschrieben werden. Die Regelgröße pendelt ebenfalls zwischen den Grenzen x_{ob} und x_{un} hin und her (Abb. 100). Betrachtet man idealisiert eine Strecke ohne Verzugszeit T_u, so decken sich die Grenzwerte der Regelgröße mit der Schaltdifferenz x_{Sd}.

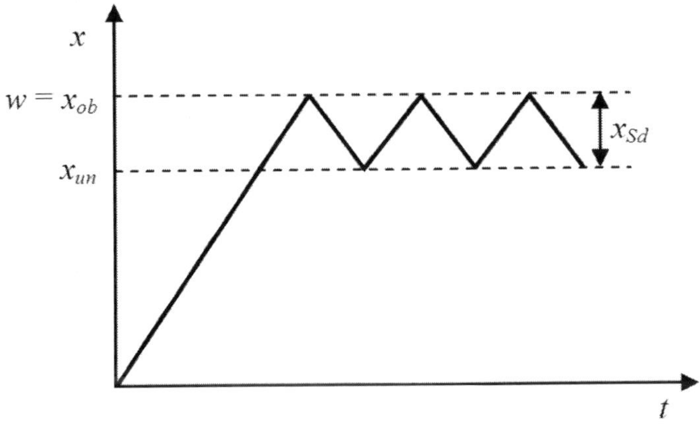

Abb. 100: Zweipunktregler an einer Strecke ohne Ausgleich

Für die Schaltfrequenz gilt:

$$f_{Sch} = \frac{K_I \cdot y_H}{2 \cdot x_{Sd}}$$

K_I in $1/\text{s}$ ist der Übertragungsbeiwert (Integrationsbeiwert) der Regelstrecke ohne Ausgleich

y_H = Maximalwert der Stellgröße

Beispiel 49

Ein Beispiel für einen solchen Anwendungsfall ist ein Zweipunktregler, der als Grenzwertschalter bei einer Niveauregelung eines Wasserbehälters eingesetzt wird. Der Behälter dient als Vorratsbecken, von dem Wasser je nach Bedarf entnommen wird oder in das eine konstante Menge zufließt.

6.14.2 Dreipunktregler

Dreipunktregler stellen die zweite wichtige Klasse der diskreten Regler dar. Bei einem Dreipunktregler kann (wie schon der Name sagt) die Stellgröße drei verschiedene Schaltzustände einnehmen: Positive, keine und negative Beeinflussung der Regelgröße. Ein Dreipunktregler wird also eingesetzt, wenn Stellgrößen zwei gegensätzliche Wirkungen auf die Regelstrecke bringen sollen und damit drei Werte für die Ausgangsgröße nötig sind, z. B. -1, 0, 1 oder rechts, stopp, links oder auf, stopp, ab. Bei einer Temperaturregelung lassen sich damit nicht nur (wie bei einem Zweipunktregler) die Zustände „Aus“ und „Heizen“ verwirklichen, sondern es besteht zusätzlich die Möglichkeit auf „Kühlen“ zu schalten (Klimaanlage). Der Dreipunktregler übernimmt demnach die Funktion von zwei miteinander gekoppelten Zweipunktreglern, die bei unterschiedlichen Zuständen schalten (einer bei positiver und der andere bei negativer Regeldifferenz). Eine Schalthysterese verhindert ein zu häufiges Schalten an den Umschaltpunkten durch kleine Schwankungen der Regeldifferenz. Abb. 101 zeigt die Kennlinie eines Dreipunktreglers ohne und mit Hysterese.

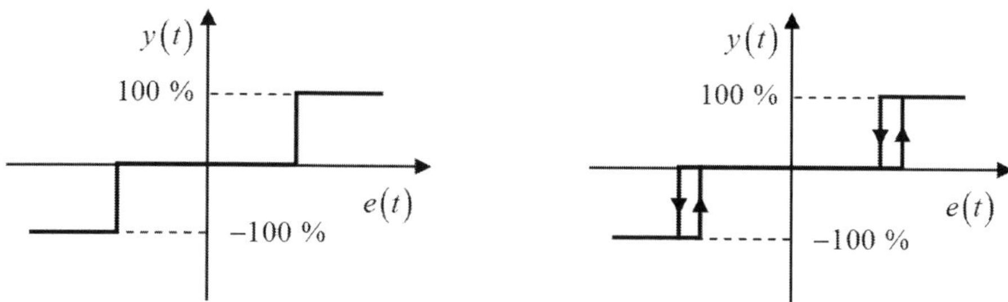

Abb. 101: Kennlinie eines Dreipunktreglers ohne (links) und mit (rechts) Schalthysterese (Stellgröße in Abhängigkeit der Regeldifferenz)

6.14.3 Dreipunktschrittregler

Im Bereich der Stelltechnik findet man Dreipunktregler häufig in Verbindung mit elektrischen Stellantrieben. Eine Kombination aus Dreipunktregler und Stellantrieb wird Dreipunktschrittregler genannt. Mit den drei Zuständen „Linkslauf“ (z. B. Öffnen), „Rechtslauf“ (Schließen) und „Aus“ kann ein Stellmotor ein Ventil in jede beliebige Hubstellung fahren. Mit Hilfe geeigneter Ansteuerverfahren erhält man mit einem schaltenden Regler und einem integrierenden Steller (z. B. Stellmotor) ein quasistetiges P-, PI- oder PID-Regelverhalten. Solche Dreipunktschrittregler kommen dort zum Einsatz, wo keine pneumatische oder hydraulische, sondern nur eine elektrische Hilfsenergie zur Verfügung steht. Bei einer zum Streckenverhalten passenden Auslegung unterscheidet sich das Regelverhalten eines Dreipunktschrittreglers kaum vom Verhalten eines stetigen Reglers.

6.15 Auswahl eines stetigen Reglers

Zur Lösung einer Regelaufgabe gehört die

- Analyse der Regelstrecke und die dazu passende
- Auswahl und Auslegung eines Reglers.

In der folgenden Tabelle sind die wichtigsten Merkmale der zumeist verwendeten P-, PD-, I-, PI- und PID-Regler zusammengestellt.

Regelglied	Regelabweichung	Arbeitspunkteinstellung	Stellgeschwindigkeit
P	bleibend	wünschenswert	hoch
PD	bleibend	wünschenswert	sehr hoch
I	keine	entfällt	niedrig
PI	keine	entfällt	hoch
PID	keine	entfällt	sehr hoch

Tabelle 4: Merkmale einiger Regler

Die Reglerauswahl ist abhängig davon,

- ob eine integral oder proportional wirkende Strecke vorliegt (Strecke ohne oder mit Ausgleich)
- wie groß die Verzögerungen (Zeitkonstanten und/oder Totzeiten) der Strecke sind
- wie schnell eine Regelabweichung ausgeregelt werden muss
- ob bleibende Regelabweichungen akzeptiert werden können.

Zuordnung zwischen Regler und Strecke

P-Regler werden bei einfach zu regelnden Strecken eingesetzt, bei denen eine bleibende Regelabweichung nicht stört. Mit geringem Aufwand erreicht man hier ein stabiles und dynamisches Regelverhalten. Die bleibende Regelabweichung kann durch Einführung eines I-Anteils beseitigt werden. Durch den I-Anteil erhöht sich aber die Neigung zum Überschwingen und die Regelung wird etwas träger. Bei einer Totzeit führt ein P-Regler allein zu Schwingungen, es ist dann ein I-Anteil erforderlich.

PD-Regler sind sinnvoll bei Strecken mit großen Verzögerungen, bei denen bleibende Regelabweichungen nicht relevant sind. Durch den D-Anteil erhöht sich die Stellgeschwindigkeit, so dass die Regeldynamik gegenüber dem P-Regler verbessert wird. Da der D-Anteil den Regler schnell reagieren lässt, kann dies bei stark pulsierenden Prozessgrößen (z.B. Druckregelung) zu Instabilitäten führen, ebenso bei Störungen auf dem Istwertsignal. Regler mit D-Anteil eignen sich gut für langsame Regelstrecken wie sie bei Temperaturregelungen auftreten. Ist die bleibende Regelabweichung unerwünscht, verwendet man einen PI- oder PID-Regler.

I-Regler eignen sich, wenn sehr geringe Anforderungen bezüglich der Regeldynamik bestehen und wenn die Strecke keine größeren Verzögerungen aufweist. Vorteilhaft ist, dass Regelabweichungen vollständig ausgeregelt werden. Für Strecken ohne Ausgleich ist ein I-Regler ungeeignet.

PI-Regler verbinden die Vorteile des P- und des I-Reglers. Mit ihm erreicht man ein dynamisches Regelverhalten, ohne dass bleibende Regelabweichungen auftreten. Mit dem PI-Regler lassen sich die meisten Regelaufgaben lösen, auch bei Strecken mit Verzögerungen. Sind jedoch trotz großer Streckenverzögerungen möglichst kurze Stellzeiten erforderlich, wird man den PID-Regler wählen.

PID-Regler eignen sich bei Strecken mit großen Verzögerungen, die schnellstmöglich ausgeregelt werden müssen. Gegenüber dem PI-Regler erreicht man durch den D-Anteil eine höhere Regeldynamik. Im Vergleich zum PD-Regler entsteht durch den I-Anteil im Beharrungszustand keine Regelabweichung.

Die Auswahl eines passenden Reglers hängt wesentlich von den jeweiligen Streckenparametern ab. Daher dienen die obigen Aussagen über die Einsatzgebiete nur als grobe Richtschnur. Die Eignung eines speziellen Reglertyps muss letztlich im Einzelnen anhand der Strecke genau geprüft werden.

Zuordnung zwischen Strecke und Regler

P-Strecke

Reine P-Regler sind in der Praxis für eine P-Strecke wenig geeignet, da in jedem Regelkreis immer geringe Totzeiten bzw. Verzögerungszeiten auftreten. Nach Ablauf der Totzeit würde der Regler unmittelbar reagieren, der Regelkreis neigt insgesamt zu Schwingungen. D-Anteile verbieten sich meist, da durch die differenzierende Wirkung starke Unruhe in den Regelkreis kommt. Ideal ist ein I- oder PI-Anteil, da die Integration die proportionale Strecke beruhigt.

PT_1-Strecke

Ein P-Regler ist prinzipiell geeignet, ergibt jedoch eine bleibende Regelabweichung. Ein PI-Regler ist besser geeignet. Ein reiner I-Regler ist relativ langsam, ein D-Anteil kann in der Anregelzeit eine Verbesserung bringen.

PT_n-Strecke

Ein P-Regler ist prinzipiell geeignet, besitzt jedoch eine Neigung zum Schwingen. Ein I-Regler ist völlig unbrauchbar, da immer eine Schwingneigung vorhanden ist. Ein PI- oder PID-Regler bringt die besten Ergebnisse.

I-Strecke

Ein P-Regler ergibt gute Ergebnisse, allerdings auch eine bleibende Regelabweichung. Bei einem I-Regler entstehen Schwingungen. Gut geeignet sind PI-Regler mit großer Nachstellzeit. Bei IT_1-Strecken kann ein D-Anteil ein schnelleres Anregeln bewirken.

T_t-Strecke

P-Regler sind nicht geeignet, da eine Neigung zu Schwingungen vorliegt. Da der I-Regler langsam reagiert, ist er häufig geeignet. PI-Regler sind ebenfalls geeignet, dürfen aber keine hohe P-Verstärkung aufweisen. In der Praxis haben Totzeiten noch geringe Verzögerungszeiten, so dass PID-Regler dann besser geeignet sind.

Zusammenhang zwischen Streckenordnung und Reglerstruktur

Für Strecken ohne Ausgleich oder Totzeiten (0. Ordnung) ist ein P-Regler ausreichend. Aber auch bei scheinbar verzögerungsfreien Strecken kann die Verstärkung eines P-Reglers nicht beliebig hoch gewählt werden, da der Regelkreis ansonsten durch kleinste, immer vorhandene Totzeiten instabil würde. Zum vollständigen Ausregeln ist immer ein I-Anteil erforderlich.

Für Strecken 1. Ordnung mit kleinen Totzeiten ist ein PI-Regler gut geeignet.

Strecken 2. und höherer Ordnung (mit Verzugs- und Totzeiten) erfordern einen PID-Regler.

Bei sehr hohen Ansprüchen sollte eine Kaskadenregelung eingesetzt werden. Strecken 3. und 4. Ordnung sind manchmal mit PID-Reglern, meist aber nur noch mit einer Kaskadenregelung beherrschbar.

Für Strecken ohne Ausgleich und höherer Ordnung (mit Verzugs- und Totzeiten) ist ein PD- oder PID-Regler geeignet.

Strecke	**Reglerstruktur**			
	P	**PD**	**PI**	**PID**
reine Totzeit	ungeeignet	ungeeignet	geeignet (Führung und Störung)	ungeeignet
1. Ordnung, mit Totzeit	ungeeignet	ungeeignet	gut geeignet	sehr gut geeignet (Führung und Störung)
2. Ordnung, mit Totzeit	ungeeignet	schlecht geeignet	schlechter als PID	sehr gut geeignet (Führung und Störung)
höhere Ordnung	ungeeignet	ungeeignet	schlechter als PID	sehr gut geeignet (Führung und Störung)
ohne Ausgleich, mit Verzugszeit	geeignet (Führung)	geeignet (Führung)	geeignet (Störung)	sehr gut geeignet (Störung)

Tabelle 5: Geeignete Reglertypen für unterschiedliche Regelstrecken

Regelgröße	bleibende Regelabweichung		keine bleibende Regelabweichung	
	P	PD	PI	PID
Temperatur	einfache Strecken für geringe Ansprüche	einfache Strecken für geringe Ansprüche	geeignet	sehr gut geeignet
Druck	meist unbrauchbar	meist unbrauchbar	gut geeignet, bei Strecken mit großer Verzugszeit auch I-Regler	geeignet wenn Regelgröße nicht zu sehr pulsierend
Durchfluss	ungeeignet	ungeeignet	brauchbar, aber I-Regler allein oft besser	geeignet
Niveau	bei kleiner Totzeit	geeignet	geeignet	sehr gut geeignet
Förderung	ungeeignet wegen Totzeit	ungeeignet	brauchbar, aber I-Regler alleine besser	bringt kaum Vorteile gegenüber PI

Tabelle 6: Auswahl der Reglertypen zum Regeln der wichtigsten Regelgrößen

7 Einstellung der Regelparameter

7.1 Allgemeines zu Optimierung und Einstellregeln

Für ein zufrieden stellendes Regelergebnis ist die Auswahl eines geeigneten Reglers ein wichtiger Aspekt. Noch wesentlicher ist jedoch die Einstellung der passenden Reglerparameter K_P, T_N und T_V, die auf das Streckenverhalten abgestimmt sein müssen. Meistens ist hierbei ein Kompromiss zu machen zwischen einer sehr stabilen aber auch langsamen Regelung oder einem sehr dynamischen, unruhigeren Regelverhalten, welches unter Umständen zum Schwingen neigt und instabil werden kann.

Bei nichtlinearen Strecken, die immer im selben Betriebspunkt arbeiten sollen, z. B. bei Festwertregelungen, müssen die Reglerparameter auf das Streckenverhalten in diesem Arbeitspunkt angepasst werden. Kann, wie es bei Folgeregelungen der Fall ist, kein fester Arbeitspunkt definiert werden, muss eine Reglereinstellung gefunden werden, die über den ganzen Arbeitsbereich ein ausreichend schnelles und stabiles Regelergebnis liefert.

Allgemein soll die Optimierung von Regelkreisen erreichen, dass der Regler durch Einwirken auf die Regelstrecke nach Eintreffen eines Störgrößensprunges die Regelgröße so schnell, so genau und so schwingungsfrei wie möglich auf ihren ursprünglichen Wert zurückführt. Damit wird gleichzeitig erreicht, dass sich bei Sollwertänderungen die Regelgröße ebenfalls schnell, genau und schwingungsfrei auf die neuen Werte einstellt.

Regleroptimierung bedeutet die Anpassung des Reglers an den gegebenen Prozess bzw. an die Regelstrecke. Die Regelparameter müssen so gewählt werden, dass bei den gegebenen Betriebsverhältnissen ein möglichst günstiges Verhalten des Regelkreises erzielt wird. Dieses günstige Verhalten kann unterschiedlich definiert sein, z. B. als ein schnelles Erreichen der Führungsgröße bei kleinem Überschwingen oder ein überschwingungsfreies Anfahren bei etwas längerer Ausregelzeit.

Die günstige Einstellung eines Reglers hängt somit vom jeweiligen Anwendungsfall ab, daher lassen sich keine universellen, optimalen Einstellregeln angeben. Wenn die Dynamik und die Störeinflüsse eines Prozesses bekannt sind, können (zumindest theoretisch) die optimalen Parameter eines Reglers berechnet werden. Mit dem vorhandenen Wissen über den Prozess muss in diesem Fall ein mathematisches Modell der Regelstrecke erstellt werden. Ist ein Modell vorhanden, können der Reglertyp sowie die Reglerparameter basierend auf diesem Modell ermittelt werden. Der Regler wird dann mit Hilfe von Simulationen des gesamten Regelkreises in unterschiedlichen Situationen getestet und optimiert. Dabei kann es sich durchaus zeigen, dass das Modell selbst und/oder der Reglertyp verändert werden müssen. Die Güte des so erhaltenen Reglers ist natürlich von der Güte des Modells abhängig.

In vielen Anwendungsfällen, besonders der Verfahrenstechnik, ist jedoch eine mathematische Modellierung der Regelstrecke sehr schwierig und zeitaufwendig. Man wird dann versuchen, mit anderen Verfahren einen Regler zu entwerfen und für ihn möglichst günstige Einstellwerte zu finden. Ohne größeren mathematischen Aufwand bedient man sich dabei heuristischer oder empirischer Einstellregeln (Faustregeln). Man bezieht sich auf Erfahrungswerte, die in ähnlichen Fällen schon gute Ergebnisse ergaben und deshalb in Einstellregeln für Standardregler niedergelegt wurden. Dazu kann man mit der Strecke Experimente durchführen, um aus den Ergebnissen charakteristische Größen für die Einstellung eines Standardreglers zu gewinnen. Häufig wird die Sprungantwort der Strecke ermittelt, um aus deren Eigenschaften bestimmte Näherungswerte für günstige Regelparameter abzuleiten. Auf diese Weise kann ein Standardregler dimensioniert werden, ohne dass detaillierte Kenntnisse der Strecke vorliegen und ohne dass ein aufwendiges Syntheseverfahren durchgeführt wird. Trotzdem erzielt man damit in der Praxis bereits recht gute Regelungsergebnisse.

Die hier angegebenen Reglereinstellungen beruhen auf Erfahrungswerten, die teilweise in langwierigen Untersuchungen gefunden wurden. Sie sind als Ausgangspunkt für weitere Optimierungsversuche zu betrachten.

7.2 Schwingungsmethode nach Ziegler und Nichols

Ziegler und Nichols publizierten 1942 Einstellregeln, die auf den beiden nachfolgend beschriebenen Methoden beruhen. Das erste experimentelle Verfahren zur Bestimmung der Reglerparameter eignet sich besonders für lineare Regelstrecken mit unbekannten Eigenschaften, die ein stark verzögertes, aperiodisches P-Verhalten (S-förmiger Verlauf der Sprungantwort) aufweisen, deren mathematische Systembeschreibungen jedoch nicht bekannt sind. Der resultierende Regler kann ein P-, PI-, oder PID-Regler sein.

Bei der Schwingungsmethode nach Ziegler und Nichols werden die Regelparameter so verstellt, dass die Stabilitätsgrenze erreicht ist und der aus Regler und Strecke gebildete Regelkreis zu schwingen beginnt, das heißt die Regelgröße periodische Schwingungen um die Führungsgröße durchführt. **Aus den diesen Schwingungen entnommenen Parametern können die Werte zur Reglereinstellung ermittelt werden**.

Dieses Verfahren ist nur auf Regelstrecken anwendbar, bei denen ein Überschwingen keine Gefahr birgt und die zumindest zeitweise im grenzstabilen Bereich betrieben werden können.

Vorgehensweise

Der Automatikbetrieb des Reglers wird zunächst ausgeschaltet und die Regelstrecke wird von Hand in den gewünschten Betriebspunkt gebracht (die Regelung wird angefahren). Um später Schwingungen der Regelgröße zu erhalten, wird die Reglerverstärkung zunächst minimal gemacht, d.h. der Proportionalbereich X_P auf den maximalen (die Verstärkung K_P auf den minimalen) Wert gestellt. Der Regler muss als reiner

P-Regler arbeiten, dafür wird der I-Anteil (Nachstellzeit T_N) sowie der D-Anteil (Vorhaltzeit T_V) ausgeschaltet. Am Regler wird also eingestellt: $T_N = \infty$ (oder größtmöglicher Wert) und $T_V = 0$ (bzw. kleinstmöglicher Wert). Jetzt wird die Stellgröße des Reglers auf den von Hand vorgegebenen Wert eingestellt und auf Automatikbetrieb umgeschaltet.

Nun wird der Proportionalbereich X_P so lange verkleinert (die Verstärkung K_P so lange erhöht), bis die Regelgröße eine ungedämpfte Schwingung mit konstanter Amplitude ausführt. Der Regelkreis befindet sich dann an der *Stabilitätsgrenze*. Dieses Verfahren wird deshalb auch als „Methode des Stabilitätsrandes" bezeichnet. Wenn möglich, sollte nach jeder X_P-Verstellung mit Hilfe einer kleinen, sprunghaften Sollwertänderung der Regelkreis zu Schwingungen angeregt werden.

Anmerkung: Praktisch ist es nicht immer ratsam, die Verstärkung bis zum Erreichen der Stabilitätsgrenze aufzudrehen. Es genügt bei praktischen Anwendungen völlig, wenn die gemessene Ausgangsgröße sechs bis acht feststellbare Schwingungsperioden durchläuft.

Ist der Fall der Dauerschwingung eingetreten, so wird der eingestellte Übertragungsbeiwert als kritischer Übertragungsbeiwert K_{Pk} am Regler abgelesen und notiert. Der kritische Proportionalbereich X_{Pk} ist dann $K_{Pk} = \frac{1}{X_{Pk}}$. Zusätzlich wird aus der Schwingung der Regelgröße ihre Schwingungsdauer T_k entnommen und ebenfalls notiert. Die Periodendauer T_k kann eventuell unter Bildung des arithmetischen Mittelwertes über mehrere Schwingungen bestimmt werden.

Die Werte von X_{Pk} und T_k werden je nach Reglertyp mit den Koeffizienten von Tabelle 7 multipliziert und die so ermittelten Werte für X_P, T_N und T_V am Regler eingestellt.

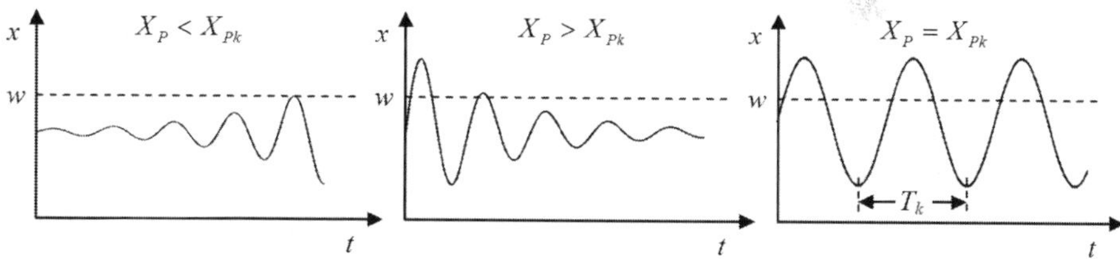

Abb. 102: Zur Schwingungsmethode nach Ziegler und Nichols

Reglertyp	Einstellwerte Regler			
	K_P	X_P	T_N	T_V
P	$0{,}5 \cdot K_{Pk}$	$2 \cdot X_{Pk}$	—	—
PI	$0{,}45 \cdot K_{Pk}$	$2{,}2 \cdot X_{Pk}$	$0{,}85 \cdot T_k$	—
PID	$0{,}6 \cdot K_{Pk}$	$1{,}66 \cdot X_{Pk}$	$0{,}5 \cdot T_k$	$0{,}12 \cdot T_k$

Tabelle 7: Reglereinstellwerte nach der Schwingungsmethode von Ziegler und Nichols

Mit den Reglerparametern gemäß Tabelle 7 erhalten wir im Allgemeinen ein schwach gedämpftes Regelkreisverhalten, das näherungsweise eine Dämpfung $0{,}2 < D < 0{,}4$ besitzt. Die Regeln nach Ziegler und Nichols eignen sich besonders für die Einstellung von Festwertregelungen, deren Hauptaufgabe im Ausregeln von Störgrößen besteht.

Der Vorteil dieses Verfahrens liegt darin, dass die Untersuchung der Regelparameter sogar während des Betriebes stattfinden kann, sofern es gelingt, durch die beschriebenen Einstellungen Schwingungen um die Führungsgröße zu erreichen. Der Regelkreis braucht nicht geöffnet zu werden. Die Auswertung eines Schreiberprotokolls ist problemlos, bei langsamen Prozessen können die Werte auch durch Beobachten der Regelgröße und mit einer Uhr ermittelt werden.

Nachteilig an dem Verfahren ist, dass es nur auf solche Strecken angewendet werden kann, die, wie bereits erwähnt, instabil gemacht werden können und deren instabiles Verhalten keine Schäden verursacht.

Die Einstellregeln von Ziegler und Nichols gelten im wesentlichen für Strecken mit kleinen Totzeiten und einem Verhältnis $T_g / T_u > 3$.

7.3 Auswertung der Sprungantwort nach Ziegler und Nichols

Häufig wird es bei einer industriellen Anlage nicht möglich sein, den Regelkreis zur Ermittlung von X_{Pk} und T_k im grenzstabilen Zustand zu betreiben. Im Allgemeinen bereitet jedoch die Messung der Sprungantwort der Regelstrecke keine allzu großen Schwierigkeiten. Daher kann in vielen Fällen die Verwendung der zweiten Form der Einstellregeln von Ziegler und Nichols zweckmäßiger sein.

Voraussetzung ist, dass die Regelstrecke stabil ist und näherungsweise aperiodisches Übergangsverhalten aufweist. Dieses Verfahren basiert auf der Analyse des Antwortverhaltens der Regelstrecke (des Prozesses) auf eine sprungförmige Änderung des Wertes der Stellgröße. Es eignet sich auch für Strecken, die nicht zum Schwingen gebracht werden können. Der Regelkreis muss allerdings geöffnet werden, z. B. indem man ein Regelgerät in den Handbetrieb umschaltet, um direkt auf die Stellgröße Einfluss zu nehmen. Der Stellgradsprung sollte nach Möglichkeit in der Nähe der Führungsgröße stattfinden.

Der Vorteil dieser Methode liegt darin, dass sehr wenig Information über das System notwendig ist. Führungs- und Störgrößen werden allerdings gleich behandelt. Dieses Verfahren führt außerdem zu einem Überschwingen von 40 % bis 50 %.

Vorgehensweise

Durch Aufzeichnung der Streckensprungantwort werden die streckentypischen Parameter mit dem Wendetangentenverfahren bestimmt, wie bereits in Abschnitt 5.4.4 beschrieben wurde.

Man erhält die statische Verstärkung $K_S = \frac{\Delta x}{\Delta y}$, die Verzugszeit T_u und die Ausgleichszeit T_g.

Aus den Streckenparametern werden passend zum Reglertyp die Regelparameter aus Tabelle 8 entnommen.

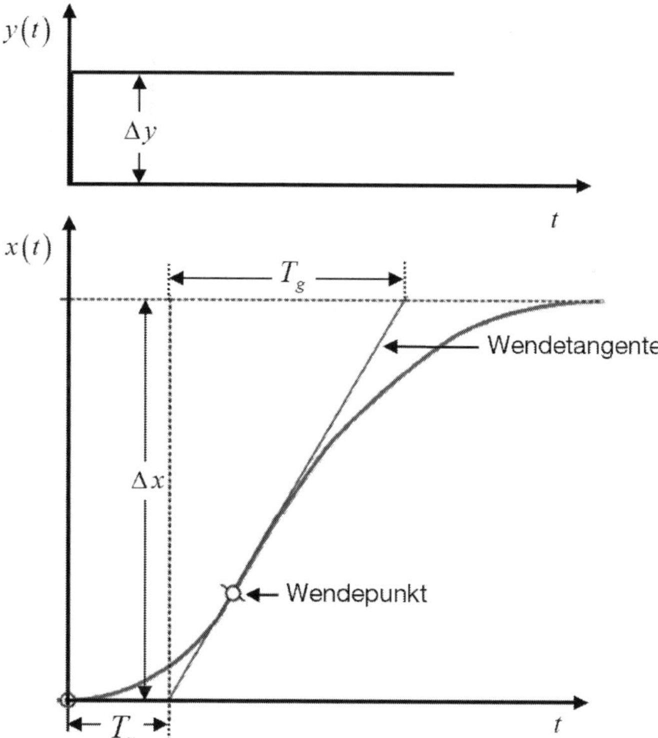

Abb. 103: Zur Bestimmung der Streckenparameter K_S, T_u und T_g aus der Sprungantwort der Strecke

Reglertyp	Einstellwerte Regler		
	K_P	T_N	T_V
P	$\frac{1}{K_S} \cdot \frac{T_g}{T_u}$	—	—
PI	$\frac{0,9}{K_S} \cdot \frac{T_g}{T_u}$	$3,33 \cdot T_u$	—
PID	$\frac{1,2}{K_S} \cdot \frac{T_g}{T_u}$	$2 \cdot T_u$	$0,5 \cdot T_u$

Tabelle 8: Reglereinstellwerte nach Auswertung der Sprungantwort von Ziegler und Nichols

Wichtige Anmerkung:

Für die Berechnung der Reglerparameter unter Nutzung von Hilfsgrößen, die von realen Istwerten x und Stellgrößen y abgeleitet wurden, müssen Normierungsfaktoren x_H und y_H eingefügt werden. x_H bezeichnet den Messbereich des Istwertes (Regelbereich der Regelstrecke) und y_H den Stellbereich des Reglers in realen Größen (z. B. $10 \ldots 20$ mbar oder $0 \ldots 10$ mm).

Beispiel: $P = \frac{1}{K_S} \cdot \frac{T_g}{T_u} \cdot \frac{x_H}{y_H} \cdot 100\ \%$

7.4 Auswertung der Sprungantwort nach Strejc

Zur Bestimmung der streckentypischen Parameter T_u und T_g kann nicht nur das Wendetangentenverfahren angewandt werden. Erfahrungen aus der Praxis der Verfahrenstechnik zeigen, dass das Verfahren von Strejc ebenfalls sehr gut geeignet ist. Bei diesem Verfahren werden die Kennwerte T_u und T_g nach der in Abb. 104 dargestellten Vorgehensweise ermittelt. Als weiteres bewährtes Zahlenpaar sind auch $0,1 \cdot K_S$ und $0,9 \cdot K_S$ für die Berechnung der Reglerparameter verwendbar. In Tabelle 9 sind die Berechnungsformeln für die Kennwerte T_u und T_g angegeben. Mit den Werten von K_S, T_u und T_g kann man in Tabelle 8, Tabelle 10, Tabelle 11 oder Tabelle 12 gehen und dort die Reglereinstellwerte entnehmen.

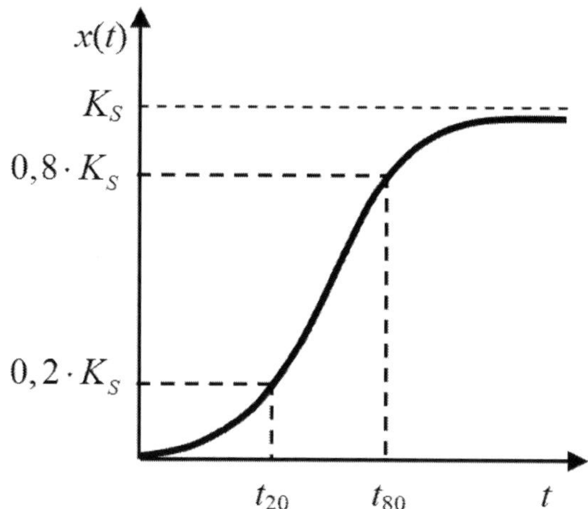

Abb. 104: Zur Bestimmung der Kennwerte T_u und T_g nach Strejc

	20/80	10/90
T_u	$1{,}161 \cdot t_{20} - 0{,}161 \cdot t_{80}$	$1{,}048 \cdot t_{10} - 0{,}048 \cdot t_{90}$
T_g	$0{,}721 \cdot (t_{80} - t_{20})$	$0{,}455 \cdot (t_{90} - t_{10})$

Tabelle 9: Zur Berechnung von T_u und T_g nach Strejc

7.5 Einstellregeln nach Oppelt

Die Einstellregeln von W. Oppelt verwenden ebenfalls die aus der Streckensprungantwort ermittelten Streckenparameter K_S, T_u und T_g. Die Reglerparameter für Strecken mit Ausgleich werden nach Tabelle 10 berechnet.

Reglertyp	**Einstellwerte Regler**		
	K_P	T_N	T_V
P	$\frac{1}{K_S} \cdot \frac{T_g}{T_u}$	—	—
PI	$\frac{0,8}{K_S} \cdot \frac{T_g}{T_u}$	$3 \cdot T_u$	—
PD	$\frac{1,2}{K_S} \cdot \frac{T_g}{T_u}$	—	$0,22 \ldots 0,5 \cdot T_u$
PID	$\frac{1,2}{K_S} \cdot \frac{T_g}{T_u}$	$2 \cdot T_u$	$0,42 \cdot T_u$

Tabelle 10: Reglereinstellwerte nach Oppelt

7.6 Einstellregeln nach Rosenberg

Die Einstellregeln von W. Rosenberg liefern brauchbare Ergebnisse bis zu einem Verhältnis $\frac{T_g}{T_u} = 3,33$.

Reglertyp	**Einstellwerte Regler**		
	K_P	T_N	T_V
P	$\frac{1}{K_S} \cdot \frac{T_g}{T_u}$	—	—
PI	$\frac{0,91}{K_S} \cdot \frac{T_g}{T_u}$	$3,3 \cdot T_u$	—
PID	$\frac{1,2}{K_S} \cdot \frac{T_g}{T_u}$	$2 \cdot T_u$	$0,44 \cdot T_u$

Tabelle 11: Reglereinstellwerte nach Rosenberg

7.7 Auswertung der Sprungantwort nach Chien, Hrones, Reswick

7.7.1 PT_n-Strecken

Von den Herren Chien, Hrones, Reswick wurde 1952 als Weiterentwicklung der Methode von Ziegler und Nichols ebenfalls ein Verfahren entwickelt, mit dessen Hilfe die Regelparameter berechnet werden können, wenn die Parameter der Strecke K_S, T_u und T_g bekannt sind. Dieses als CHR-Verfahren bekannte Näherungsverfahren ist für Regelstrecken mit Ausgleich mit PT_n-Verhalten ($n \geq 2$) mit S-förmiger Sprungantwort geeignet. Die Reglerparameter sind getrennt für günstiges Führungs- oder Störverhalten und nochmals unterteilt für einen aperiodischen oder periodischen Regelvorgang mit ca. 20 % Überschwingweite festgelegt.

„Führungsverhalten" bezieht sich auf die Optimierung des Regelkreises bezüglich der gegebenen Sollwertkurve, der Sollwert wird möglichst gut nachgeführt. Bei „Störverhalten" wird das Verhalten des Regelkreises bezüglich einer äußeren Störung optimiert, diese wird möglichst schnell ausgeregelt. Bei einem aperiodischen Regelverlauf findet kein Überschwingen der Regelgröße statt, der Anlaufvorgang dauert dadurch aber etwas länger.

Reglertyp	**Aperiodischer Regelvorgang**		**20 % Überschwingen**	
	Führung	**Störung**	**Führung**	**Störung**
P	$K_P = \frac{0,3 \cdot T_g}{K_S \cdot T_u}$	$K_P = \frac{0,3 \cdot T_g}{K_S \cdot T_u}$	$K_P = \frac{0,7 \cdot T_g}{K_S \cdot T_u}$	$K_P = \frac{0,7 \cdot T_g}{K_S \cdot T_u}$
PI	$K_P = \frac{0,35 \cdot T_g}{K_S \cdot T_u}$ $T_N = 1,2 \cdot T_g$	$K_P = \frac{0,6 \cdot T_g}{K_S \cdot T_u}$ $T_N = 4 \cdot T_u$	$K_P = \frac{0,6 \cdot T_g}{K_S \cdot T_u}$ $T_N = T_g$	$K_P = \frac{0,7 \cdot T_g}{K_S \cdot T_u}$ $T_N = 2,3 \cdot T_u$
PID	$K_P = \frac{0,6 \cdot T_g}{K_S \cdot T_u}$ $T_N = T_g$ $T_V = 0,5 \cdot T_u$	$K_P = \frac{0,95 \cdot T_g}{K_S \cdot T_u}$ $T_N = 2,4 \cdot T_u$ $T_V = 0,42 \cdot T_u$	$K_P = \frac{0,95 \cdot T_g}{K_S \cdot T_u}$ $T_N = 1,35 \cdot T_g$ $T_V = 0,47 \cdot T_u$	$K_P = \frac{1,2 \cdot T_g}{K_S \cdot T_u}$ $T_N = 2,3 \cdot T_u$ $T_V = 0,42 \cdot T_u$
PD	mittlere Werte für Störung $K_P = \frac{1,8 \cdot T_g}{K_S \cdot T_u}$, $T_V = 0,5 \cdot T_u$			

K_P = Proportionalbeiwert des Reglers (ohne Einheit), T_N = Nachstellzeit in s, T_V = Vorhaltzeit in s, K_S = Übertragungsbeiwert der Regelstrecke, T_u = Verzugszeit in s, T_g = Ausgleichszeit in s

Tabelle 12: Reglereinstellwerte nach Auswertung der Sprungantwort nach Chien, Hrones, Reswick, Tabelle gilt für PT_n-Strecken

7.7.2 PT$_1$-Strecken

Das Einstellverfahren von Chien, Hrones, Reswick kann auch auf Strecken erster Ordnung mit Ausgleich und Totzeit angewandt werden. Die Verzugszeit T_u wird zur Totzeit T_t und die Ausgleichszeit T_g entspricht der Zeitkonstanten T_1 der PT$_1$-Strecke.

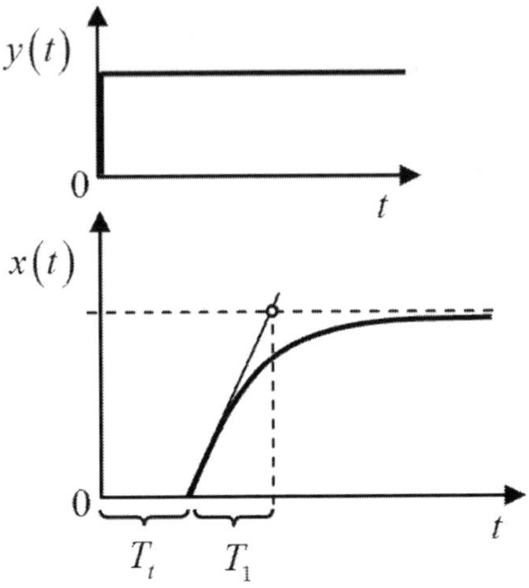

Abb. 105: Sprungantwort einer PT$_1$-Strecke mit Totzeit

Reglertyp	Aperiodischer Regelvorgang		20 % Überschwingen	
	Führung	**Störung**	**Führung**	**Störung**
P	$K_P = \frac{0{,}3 \cdot T_1}{K_S \cdot T_t}$	$K_P = \frac{0{,}3 \cdot T_1}{K_S \cdot T_t}$	$K_P = \frac{0{,}7 \cdot T_1}{K_S \cdot T_t}$	$K_P = \frac{0{,}7 \cdot T_1}{K_S \cdot T_t}$
PI	$K_P = \frac{0{,}35 \cdot T_1}{K_S \cdot T_t}$ $T_N = 1{,}2 \cdot T_t$	$K_P = \frac{0{,}6 \cdot T_1}{K_S \cdot T_t}$ $T_N = 4 \cdot T_t$	$K_P = \frac{0{,}6 \cdot T_1}{K_S \cdot T_t}$ $T_N = T_t$	$K_P = \frac{0{,}7 \cdot T_1}{K_S \cdot T_t}$ $T_N = 2{,}3 \cdot T_t$
PID	$K_P = \frac{0{,}6 \cdot T_1}{K_S \cdot T_t}$ $T_N = T_t$ $T_V = 0{,}5 \cdot T_t$	$K_P = \frac{0{,}95 \cdot T_1}{K_S \cdot T_t}$ $T_N = 2{,}4 \cdot T_t$ $T_V = 0{,}42 \cdot T_t$	$K_P = \frac{0{,}95 \cdot T_1}{K_S \cdot T_t}$ $T_N = 1{,}35 \cdot T_t$ $T_V = 0{,}47 \cdot T_t$	$K_P = \frac{1{,}2 \cdot T_1}{K_S \cdot T_t}$ $T_N = 2{,}3 \cdot T_t$ $T_V = 0{,}42 \cdot T_t$

Tabelle 13: Reglereinstellwerte nach Auswertung der Sprungantwort nach Chien, Hrones, Reswick, Tabelle gilt für PT$_1$-Strecken

7.7.3 IT_1-Strecken

Liegt die Sprungantwort einer Strecke ohne Ausgleich vor (globales I-Verhalten), so zeichnet man die Asymptote wie in Abb. 106 dargestellt ein. Dann misst man die Verzugszeit T_u (Ersatztotzeit), die Zeit ΔT und Δx. Anschließend wird die Integrationszeitkonstante T_i berechnet.

$$T_i = \frac{\Delta T \cdot \Delta y}{\Delta x}$$

Jetzt geht man mit T_i und T_u in Tabelle 14 und liest für den entsprechenden Reglertyp die Einstellwerte der Reglerparameter ab.

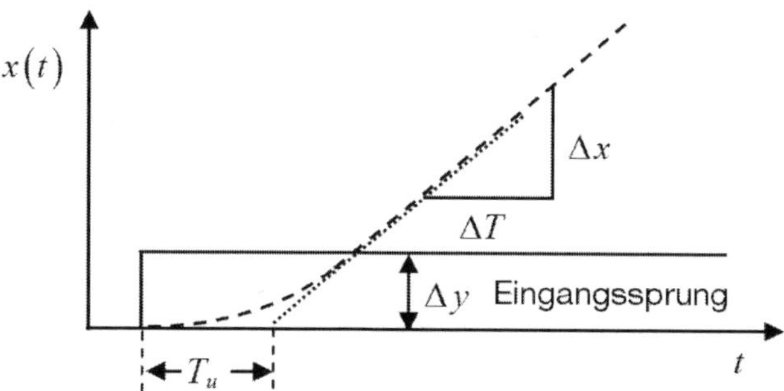

Abb. 106: Sprungantwort einer IT_1-Strecke (Strecke ohne Ausgleich)

Reglertyp	Reglerparameter		
	K_P	T_N	T_V
P	$0{,}5 \cdot \frac{T_i}{T_u}$	—	—
PD	$0{,}5 \cdot \frac{T_i}{T_u}$	—	$0{,}5 \cdot T_u$
PI	$0{,}4 \cdot \frac{T_i}{T_u}$	$5 \cdot T_u$	—
PID	$0{,}4 \cdot \frac{T_i}{T_u}$	$3{,}2 \cdot T_u$	$0{,}8 \cdot T_u$

Tabelle 14: Reglereinstellwerte nach Auswertung der Sprungantwort nach Chien, Hrones, Reswick, Tabelle gilt für IT_1-Strecken

7.8 Einstellregeln nach dem T-Summen-Verfahren

U. Kuhn hat 1995 eine neue Einstellregel für PID-Regler für stabile lineare Regelstrecken mit S-förmiger Sprungantwort entwickelt, die so genannte T-Summen-Regel (Summenzeitverfahren).

Voraussetzung: Das Summenzeitverfahren ist nur für Regelstrecken anwendbar, deren Sprungantwort keine Totzeit aufweist. Die Sprungantwort der Strecke muss also unmittelbar mit dem Eingangssprung beginnen.

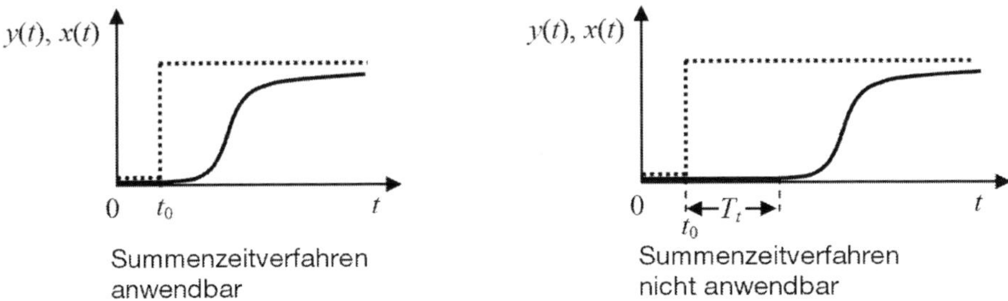

Abb. 107: Voraussetzung für das Summenzeitverfahren

Nach dem Summenzeitverfahren reichen für die Reglerparametrierung (d. h. Festlegung von Verstärkung K_P, Nachstellzeit T_N und Vorhaltzeit T_V) in allen praktisch relevanten Fällen nur *zwei* einfach bestimmbare Streckenkennwerte aus: Die Streckenverstärkung K_S und die **Summenzeitkonstante** T_Σ. Die Summenzeitkonstante kennzeichnet die Schnelligkeit der Strecke. T_Σ ist definiert als die Summe aller verzögernden Zeitkonstanten, abzüglich aller differenzierenden Zeitkonstanten, zuzüglich der Streckentotzeit.

$$T_\Sigma = T_1 + T_2 + \ldots T_n - T_{D1} - T_{D2} - \ldots T_{Dm} + T_t$$

Bestimmung der Summenzeitkonstante

1. Möglichkeit

Bei Annahme eines PT_1T_t-Ersatzgliedes ergibt sich nach Auswertung der Sprungantwort mit dem Wendetangentenverfahren die gesuchte Summenzeitkonstante T_Σ mit guter Näherung als Summe aus Ersatztotzeit T_t und Ersatzzeitkonstante T_1.

$$T_\Sigma = T_t + T_1$$

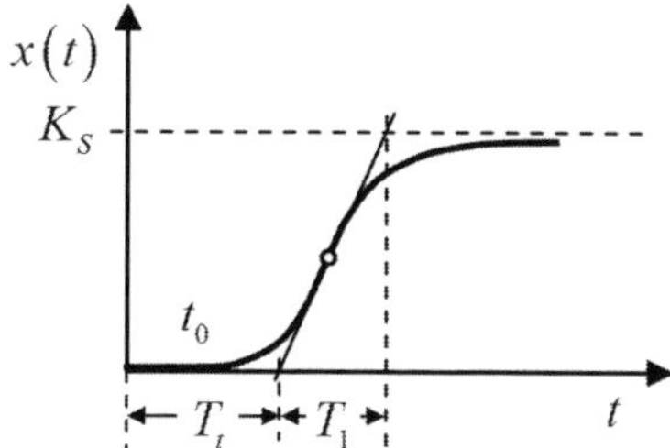

Abb. 108: Bestimmung der Summenzeitkonstante, Approximation der Sprungantwort für ein PT_1T_t-Ersatzglied mit der Wendetangentenmethode

2. Möglichkeit

Eine genauere Näherung für T_t und T_1 als das einfache Wendetangentenverfahren liefert die Methode von Strejc. Das Verfahren nach Strejc ist ein verbessertes Wendetangentenverfahren, es ergibt eine bessere Approximation der Sprungantwort für ein PT_1T_t-Ersatzglied.

Im nahezu linear verlaufenden Anstiegsbereich der Sprungantwort um den Wendepunkt herum werden willkürlich zwei ausreichend voneinander entfernte Punkte A und B eingezeichnet. Durch diese Punkte soll später die Übergangsfunktion des PT_1T_t-Gliedes verlaufen. Nach dem Einzeichnen der Punkte A und B sind die Werte von t_1, t_2, h_1 und h_2 festgelegt. Durch Anwendung der nachstehenden Formeln, erhält man die gesuchten Zeitkonstanten T_1 und T_t, deren Summe die Summenzeitkonstante T_Σ ergibt.

$$T_1 = \frac{t_2 - t_1}{\ln\left(\frac{K_S - h_1}{K_S - h_2}\right)}$$

$$T_t = T_1 \cdot \ln\left(1 - \frac{h_2}{K_S}\right) + t_2$$

Die Summenzeitkonstante ergibt sich wieder aus:

$$T_\Sigma = T_t + T_1$$

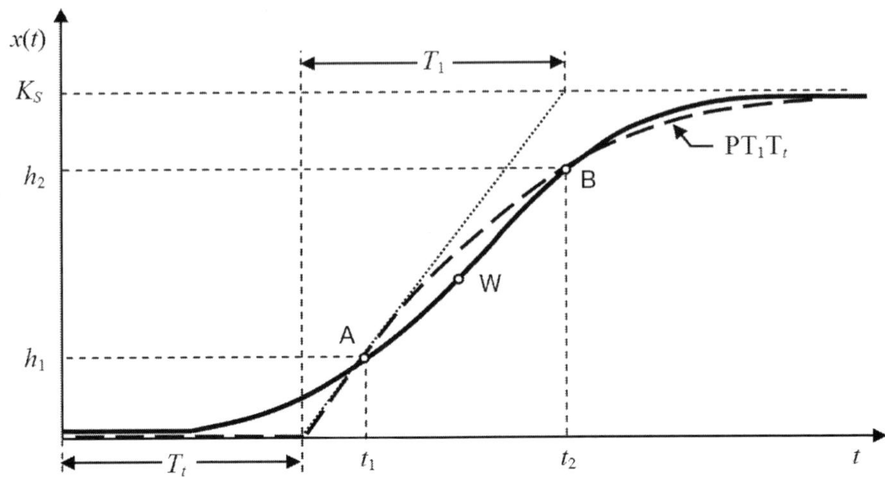

Abb. 109: Verfahren nach Strejc zur Bestimmung der Summenzeitkonstante

3. Möglichkeit

Die Summenzeitkonstante kann auch grafisch aus der Sprungantwort ermittelt werden. Wie in Abb. 110 zu sehen ist, verschiebt man dazu eine senkrechte Gerade solange, bis die beiden Flächen F_1 und F_2 zwischen Gerade und Sprungantwort gleich groß sind. Auf der Zeitachse kann man dann an der Stelle der Geraden die Summenzeitkonstante T_Σ ablesen.

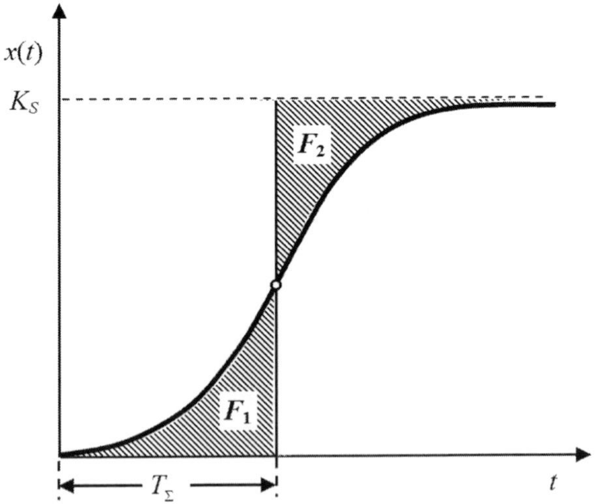

Abb. 110: Grafische Bestimmung der Summenzeitkonstanten aus der Sprungantwort

Sind die Streckenverstärkung K_S und die Summenzeitkonstante T_Σ bestimmt, so können die Reglereinstellwerte nach dem T-Summen-Verfahren aus Tabelle 15 entnommen werden.

Reglertyp	Normaler Regelverlauf (kein Überschwingen)			Schneller Regelverlauf (20 % Überschwingen)		
	K_P	T_N	T_V	K_P	T_N	T_V
PI	$\frac{0{,}5}{K_S}$	$0{,}5 \cdot T_\Sigma$	—	$\frac{1}{K_S}$	$0{,}7 \cdot T_\Sigma$	—
PID	$\frac{1}{K_S}$	$0{,}667 \cdot T_\Sigma$	$0{,}167 \cdot T_\Sigma$	$\frac{2}{K_S}$	$0{,}8 \cdot T_\Sigma$	$0{,}194 \cdot T_\Sigma$

Tabelle 15: Reglereinstellwerte nach dem T-Summen-Verfahren von Kuhn

7.9 Reglerauslegung nach dem Betragsoptimum

Das Reglerentwurfsverfahren nach dem Betragsoptimum ist nicht wirklich eine Optimierung, sondern eine Einstellregel, die oft in der Antriebstechnik angewandt wird. Es ist ein Verfahren zur Bestimmung von Reglereinstellwerten, aber keine Optimierung im mathematischen Sinne. Die Methode hat sich in der Praxis bewährt und bietet gutes Führungs- und Störverhalten. Man erreicht ein stark gedämpftes, d. h. ein wenig überschwingendes, aber auch langsames Verhalten des geschlossenen Regelkreises.

Die Entwurfsidee kommt aus Überlegungen im Frequenzbereich. Beim Verfahren des Betragsoptimums soll der Betrag der Übertragungsfunktion des geschlossenen Regelkreises über einen möglichst großen Frequenzbereich konstant auf dem Wert eins gehalten werden.

Besonders einfache Einstellvorschriften ergeben sich beim PT_n-Modell, bei dem die Regelstrecke durch ein PT_n-Glied mit n gleichen Zeitkonstanten T_1 approximiert wird. Für den (idealen) PID-Regler lauten dann die Einstellregeln:

$$K_P = \frac{1}{16 \cdot K_S} \cdot \frac{7 \cdot n + 16}{n - 2}$$

$$T_N = \frac{T_1}{15} \cdot (7 \cdot n + 16)$$

$$T_V = T_1 \cdot \frac{n^2 + 4 \cdot n + 3}{7 \cdot n + 16}$$

Beim realen PID-Regler wird zusätzlich die Verzögerungszeit des D-Anteils auf den Wert $T_V/5$ gesetzt.

Für den PI-Regler gilt:

$$K_P = \frac{1}{4 \cdot K_S} \cdot \frac{n+2}{n-1}$$

$$T_N = \frac{T_1}{3} \cdot (n+2)$$

Bei derart ausgelegten Regelkreisen beträgt das Überschwingen der Regelgröße maximal 10 % und ist weitgehend unabhängig von der Ordnung n.

Beispiel 50

Nachstellzeit T_N, Vorhaltzeit T_V und Proportionalbereich X_P sollen bei einer Temperaturregelstrecke ermittelt werden. Der spätere Arbeitspunkt liegt bei $200\ °C$. Die Heizleistung kann mit einem Stelltransformator kontinuierlich verändert werden. Es sind für einen PID-Regler die Einstellwerte der Reglerparameter nach dem CHR-Verfahren für Störverhalten zu ermitteln.

Lösung

Die Heizleistung wird zunächst so eingestellt, dass sich eine Temperatur in Nähe des späteren Arbeitspunktes einstellt, z. B. $180\ °C$ bei 60 % Heizleistung. Nun wird die Heizleistung schlagartig auf 80 % erhöht und der Temperaturverlauf mit einem Schreiber aufgezeichnet. Durch Einzeichnen der Wendetangente werden die Verzugszeit T_u mit 1 Minute und die Ausgleichszeit T_g mit 10 Minuten bestimmt. Sollte sich der Wendepunkt schwer bestimmen lassen, so muss die Stellgrößenänderung erweitert werden, d. h. die Messung bei einer geringeren Heizleistung begonnen und bei einer höheren beendet werden. Die Endtemperatur beträgt im hier geschilderten Fall $210\ °C$.

Dann ergibt sich: $K_S = \frac{\Delta x}{\Delta y} = \frac{210\ °C - 180\ °C}{80\ \% - 60\ \%} = \frac{30\ K}{20\ \%} = 1{,}5\ \frac{K}{\%}$

Mit den ermittelten Werten für T_u und T_g ergeben sich nach Tabelle 12 folgende Parameter:

$$T_N = 2{,}4 \cdot T_u = 2{,}4 \cdot 1\ \text{min} = 2{,}4\ \text{min};\ \underline{\underline{T_N = 144\ \text{s}}}$$

$$T_V = 0{,}42 \cdot T_u = 0{,}42 \cdot 1\ \text{min} = 0{,}42\ \text{min};\ \underline{\underline{T_V = 25{,}2\ \text{s}}}$$

$$X_P = \frac{K_S \cdot T_u}{0{,}95 \cdot T_g} = \frac{1{,}5 \frac{K}{\%} \cdot 1\ \text{min}}{0{,}95 \cdot 10\ \text{min}} \cdot 100\ \%;\ \underline{\underline{X_P = 15{,}8\ \text{K}}}$$

Beispiel 51

Betrachtet wird die Temperaturregelung von Wasser in einem Becherglas. Die Regelstrecke zeigt folgendes Verhalten: Die Verzugszeit wird gemessen als $T_u = 10\ \text{s}$, die Ausgleichszeit wird bestimmt zu $T_g = 3\ \text{min}$. Wird die Leistung des Tauchsieders von $P = 100\ \text{W}$ auf $P = 150\ \text{W}$ erhöht, so steigt die Wassertemperatur von $\vartheta = 50\ °\text{C}$ auf $\vartheta = 80\ °\text{C}$.

a) Skizzieren Sie den zeitlichen Verlauf der Leistung P und (unter Annahme eines Verzögerungsgliedes 2. Ordnung) der Temperatur ϑ im Bereich von 0 bis 600 Sekunden. Beurteilen Sie die Regelbarkeit der Strecke und berechnen Sie den Übertragungsbeiwert K_S der Strecke.

b) Bestimmen Sie nach dem CHR-Verfahren für diese Regelstrecke die Parameter X_P, T_N und T_V für einen PID-Regler für optimales, aperiodisches Führungs- und Störungsverhalten. Der Stellbereich des Reglers beträgt $y_H = 1000\ \text{W}$.

Lösung

a)

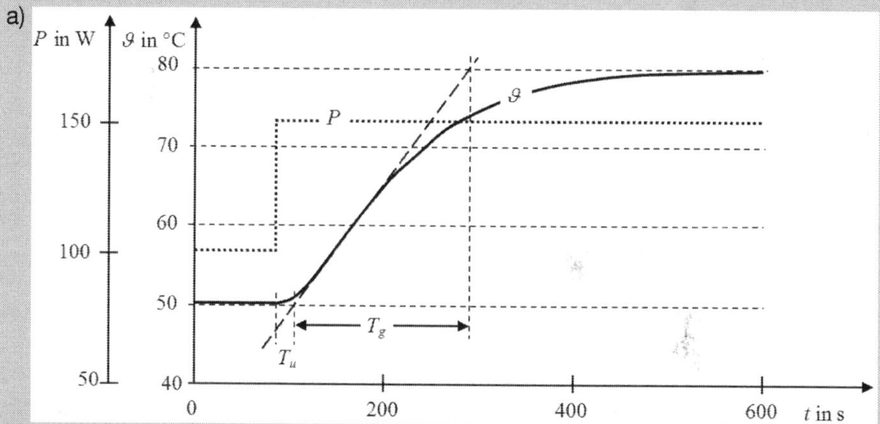

Es ist: $\frac{T_g}{T_u} = \frac{180\ \text{s}}{10\ \text{s}} = 18$. Die Strecke ist gut regelbar, da gilt: $T_g / T_u > 10$.

$$K_S = \frac{\Delta x}{\Delta y} = \frac{\Delta \vartheta}{\Delta P} = \frac{80\ °\text{C} - 50\ °\text{C}}{150\ \text{W} - 100\ \text{W}} = \frac{30\ \text{K}}{50\ \text{W}},\quad \underline{\underline{K_S = 0{,}6\ \frac{\text{K}}{\text{W}}}}$$

b) Aus Tabelle 12:

Führung: $K_P = \frac{0{,}6 \cdot T_g}{K_S \cdot T_u} = \frac{0{,}6 \cdot 180\ \text{s}}{0{,}6\ \frac{\text{K}}{\text{W}} \cdot 10\ \text{s}}$; $K_P = 18\ \frac{\text{W}}{\text{K}}$; $X_P = \frac{y_H}{K_P} = \frac{1000\ \text{W}}{18\ \frac{\text{W}}{\text{K}}}$;

$$\underline{\underline{X_P = 55{,}5\ °\text{C}}}$$

$$T_N = T_g;\ \underline{\underline{T_N = 180\ \text{s}}};\ T_V = 0{,}5 \cdot T_u;\ \underline{\underline{T_V = 5\ \text{s}}}$$

Störung: $$K_P = \frac{0{,}95 \cdot T_g}{K_S \cdot T_u} = \frac{0{,}95 \cdot 180\ \text{s}}{0{,}6\ \frac{\text{K}}{\text{W}} \cdot 10\ \text{s}};\ K_P = 28{,}5\ \frac{\text{W}}{\text{K}};$$

$$X_P = \frac{y_H}{K_P} = \frac{1000\ \text{W}}{28{,}5\ \frac{\text{W}}{\text{K}}};\ \underline{\underline{X_P = 35{,}1\ °\text{C}}}$$

$$T_N = 2{,}4 \cdot T_u;\ \underline{\underline{T_N = 24\ \text{s}}};\ T_V = 0{,}42 \cdot T_u;\ \underline{\underline{T_V = 4{,}2\ \text{s}}}$$

7.10 Empirisches Anpassen der Reglerparameter

Nachdem die Reglerparameter zum ersten Mal eingestellt wurden, wird der Regelkreis normalerweise noch nicht optimal arbeiten. Besonders bei schwer regelbaren Strecken mit $T_g / T_u < 3$ muss meist nachjustiert werden. Es erfolgt dann ein empirisches Nachoptimieren mit einer Kontrolle der Reglereinstellung. Führt man eine sprunghafte Änderung der Führungs- oder Störgröße durch, so kann man aus der Sprungantwort (aus dem sich ergebenden Einschwingvorgang der Regelgröße) recht gut auf notwendige Korrekturen der Regelparameter schließen. So kann in der industriellen Praxis die Einstellung und Optimierung eines Regelkreises durch Ausprobieren von Reglereinstellungen realisiert werden, ohne eine Modell zu verwenden.

Meistens werden in der Industrie PID-Regler verwendet. Die drei Reglerparameter werden entsprechend praktischen Erfahrungen vorgewählt und dann zur Nachoptimierung unter Berücksichtigung des Istwertverlaufes der Regelgröße geändert.

Bei der Regleroptimierung sollte immer nur ein Parameter verstellt und die Wirkung dieser Veränderung abgewartet werden. Erst danach sollten weitere Parameter verändert werden. Außerdem ist immer zu berücksichtigen, ob der Regler auf Störungs- oder Führungsverhalten optimiert werden soll.

Im Folgenden werden einige typische Zeitverläufe der Sprungantwort der Strecke gezeigt und es wird angegeben, durch welche Änderungen der Reglereinstellungen eine Optimierung des Regelverhaltens erfolgen kann.

Fall 1

Der Istwert nähert sich nur sehr langsam dem Sollwert.

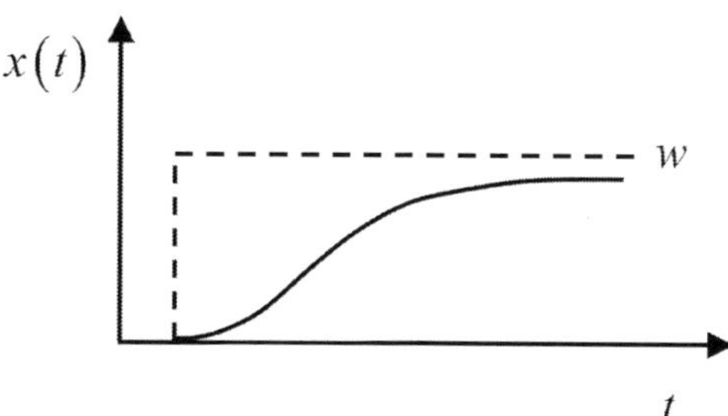

Abb. 111: K_P zu klein und/oder T_N zu groß

Verbesserung: Durch Erhöhung des Proportionalbeiwertes (Verkleinerung des Proportionalbereiches) kann der Vorgang beschleunigt werden. Der Proportionalanteil wird also erhöht. Führt dies zu einer Verbesserung, so kann anschließend zusätzlich die Integrationszeit T_N verkleinert werden (der I-Anteil wird verringert). Dadurch wird der Vorgang nochmals beschleunigt. Das Ganze soll wiederholt werden, bis ein zufriedenstellendes Ergebnis erreicht ist.

Fall 2

Der Istwert nähert sich mit leichten Schwingungen (Dellen) nur langsam dem Sollwert.

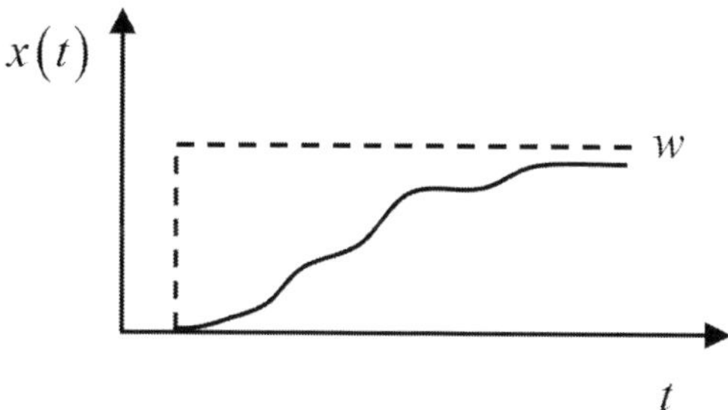

Abb. 112: K_P zu klein und/oder T_V zu groß

Verbesserung: Den Proportionalanteil erhöhen. Führt dies zu einer Verbesserung, anschließend die Differenzierzeit (die Vorhaltzeit T_V) verkleinern (somit den D-Anteil verkleinern). Den Zyklus wiederholen, bis ein zufriedenstellendes Ergebnis erreicht ist.

Fall 3

Der Istwert nähert sich dem Sollwert zügig und ohne wesentliches Überschwingen.

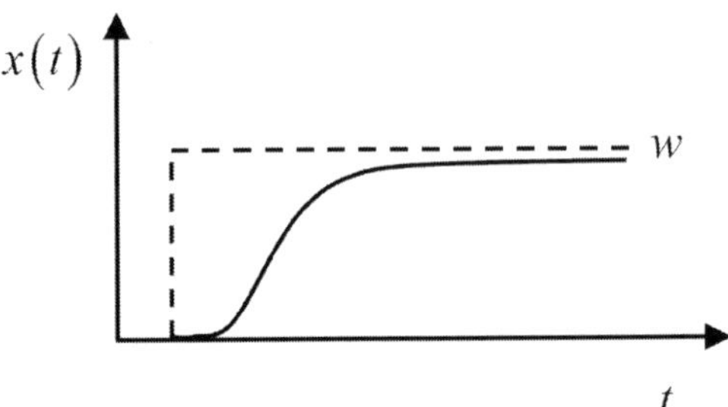

Abb. 113: Optimale Einstellung für Prozesse, die kein Überschwingen zulassen

Verbesserung: Es ist keine Maßnahme nötig. Dies ist ein optimales Führungsverhalten für Prozesse die kein Überschwingen zulassen. Eine solche Einstellung ist aber mit einem langsamen Störverhalten und einer langen Anregelzeit verbunden.

Fall 4

Der Istwert nähert sich dem Sollwert mit einem kleinen Überschwingen mit gedämpftem Verlauf.

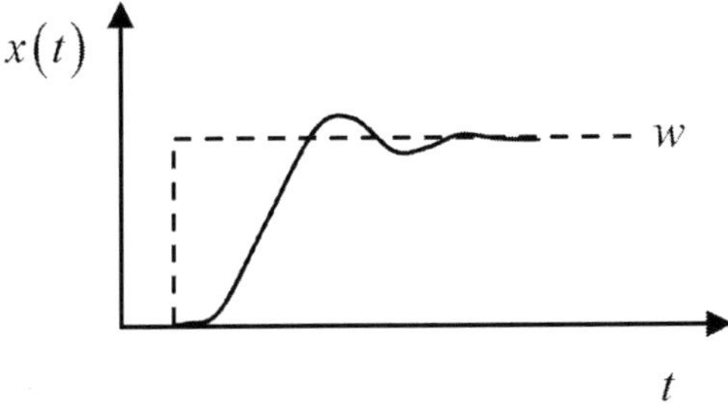

Abb. 114: Optimale Einstellung für Prozesse, bei denen ein Überschwingen erlaubt ist

Verbesserung: Keine Maßnahme nötig. Dies ist ein optimales Reglerverhalten, wenn ein Überschwingen erlaubt ist. Es erfolgt ein schnelles Anregeln, Störanteile werden schnell ausgeregelt. Das erste Überschwingen sollte ca. 10 % des Sollwertsprungs nicht überschreiten.

Fall 5

Der Istwert nähert sich mit großem Überschwingen schnell dem Sollwert. Die Überschwinger sind schwach gedämpft und gerade noch stabil.

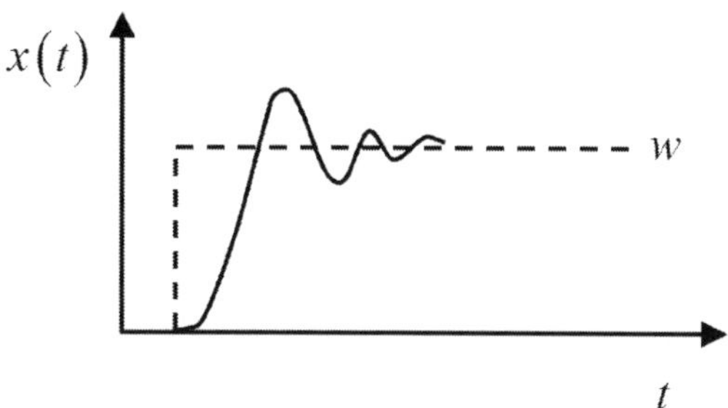

Abb. 115: K_P zu groß und/oder T_N und /oder T_V zu klein

Verbesserung: Den Proportionalanteil vermindern. Führt dies zu einer Verbesserung, anschließend die Integrationszeit (die Nachstellzeit T_N) vergrößern. Diesen Ablauf wiederholen, bis ein zufriedenstellendes Ergebnis erreicht ist.

Allgemeine Einstellregeln

Bei einem PI-Regler

Bei einem kleinen Proportionalbereich X_P (entspricht einer großen Reglerverstärkung) nimmt die Neigung zu Schwingungen zu. Ohne I-Anteil wäre eine bleibende Regelabweichung feststellbar. Wird X_P verkleinert, so verringert sich die Regelabweichung, ein weiteres Verkleinern des Proportionalbereiches führt schließlich zu ungedämpften Schwingungen. Eine Reglereinstellung knapp unter der Selbsterregung durch ein kleines X_P führt zwar zu einer geringen Regelabweichung, ist aber nicht optimal, da der Regelkreis in diesem Fall nur sehr wenig gedämpft ist. Als Folge davon können auch kleine Störungen zu Schwingungen in der Regelgröße führen.

Die Schwingung durch ein zu kleines X_P weist einen Mittelwert auf, der sich beim Einschwingen unterhalb des Sollwertes befindet. Ist der Wert von X_P zu groß, so führt dies zu einem Überschwingen, da die Regelabweichung nicht schnell genug abgebaut wird.

Der I-Anteil baut die bleibende Regelabweichung entsprechend der Nachstellzeit T_N ab. Ist der I-Anteil zu gering (T_N zu groß), so nähert sich die Regelgröße nur kriechend der Führungsgröße. Ein zu großer I-Anteil (T_N zu klein) wirkt wie eine zu große Reglerverstärkung, die Schwingneigung nimmt zu. Im Unterschied zu der Schwingung bei zu kleinem X_P zeigt diese Schwingung jedoch einen Mittelwert, der im Bereich des Sollwertes oder darüber liegt. Ist T_N zu groß gewählt, kann sich der integrale Anteil in der Stellgröße nicht schnell genug aufbauen. Damit muss der integrale Anteil die Anpassung an den Sollwert langsam über die verbliebene Regelabweichung korrigieren.

Bei einem PID-Regler

Ist die Vorhaltzeit T_V zu klein eingestellt, so wird bei einem Sollwertsprung durch den proportionalen und den integralen Anteil zu viel Energie in eine Regelstrecke eingespeist, da der differenzielle Anteil nicht ausreichend gegensteuern kann. Deshalb führt dies zu einem Überschwingen. Im Gegensatz zu dem zu kleinen T_N werden Störungen jedoch bereits besser ausgeregelt. Ist T_V zu groß gewählt, so findet bei einer Veränderung der Regelabweichung eine zu starke Gegenreaktion statt. Deshalb wird die Regelgröße beim Ausregeln eine Schwingneigung aufweisen (besonders bei pulsierenden Regelgrößen).

8 Literaturverzeichnis

Allgöwer, F.: Wichtige Übertragungsglieder, Universität Stuttgart, Vorlesung Regelungstechnik 1

Allgöwer, F.: Einstellregeln für Regler-Tuning, Universität Stuttgart, Vorlesung Regelungstechnik 1

Beuermann, T.: Mess- und Regelungstechnik, Hochschule Mannheim, SS 2006

Bollue, K.: Seminar Grundlagen der Regelungstechnik, 21.12.2001

Brunner, A.: Einführung in die Regelungstechnik, Skript zur Vorlesung, FH Karlsruhe, Okt. 2001

DIN 19 225: Benennung und Einteilung von Reglern, Dez. 1981

DIN 19 226, Teil 1: Regelungstechnik und Steuerungstechnik, Allgemeine Grundbegriffe, Feb. 1994

DIN 19 226, Teil 2: Regelungstechnik und Steuerungstechnik, Begriffe zum Verhalten dynamischer Systeme, Feb. 1994

DIN 19 226-6: Regelungstechnik und Steuerungstechnik, Begriffe zu Funktions- und Baueinheiten, Sept. 1997

Goldmann, T.: Skript zur Vorlesung Regelungstechnik, Teil 1, Institut für Technologie und Umweltschutz e.V.

Gräser, A.: Instrumentieren von Regelkreisen, 15.10.02

Hitzmann, B.: Die Regelung biotechnischer Prozesse, Technische Chemie, Universität Hannover

Honeywell GmbH, Kaiserleistraße 39, 63067 Offenbach am Main: Grundlagen der Reglerparametrierung, Einführung, 2007

Jörgl, H. P.: Skriptum zur Vorlesung Mess- und Regeltechnik, Technische Universität Graz, SS 2006

JUMO GmbH & Co. KG, Fulda: Was versteht man unter Nachstellzeit?

KEB, Karl E. Brinkmann GmbH, Försterweg 36–38, 32683 Barntrup: Regelungstechnik, Grundlagen

Kiel, J.: Regelungstechnik II, Reglerentwurf, Sommersemester 2011, FH Gelsenkirchen

Kleemann, G.: Grundlagen der Regelungstechnik, FH Emden, 27.10.2003

Kluwe, M.: Beiblätter zur Vorlesung Systemtheorie und Regelungstechnik, Universität Karlsruhe, Sommersemester 2008

Kraft, K. H.: Unterlagen zur Lehrveranstaltung Grundlagen der Regelungstechnik, Fachhochschule Braunschweig/Wolfenbüttel

Krah, J. O.: Skript zur Vorlesung Regelungstechnik, FH Köln, 13. Juni 2012

Lehmann, U.: Hilfsblatt: Zeitprozent-Kennwert-Methode, FH Südwestfalen

Litz, L.: Labor Mikroelektronik und Automatisierungstechnik, Versuch Nr. 5: Identifikation einer Füllstandsregelstrecke, Uni KL

Lückel, J.: Formelsammlung zur Vorlesung: Grundlagen der Regelungstechnik DII, WS 2000/2001, Universität-Gesamthochschule Paderborn, Automatisierungstechnik

Meyer, D.: Streckenmodell aus der Sprungantwort, Fachhochschule Braunschweig/Wolfenbüttel

Müller, E.: Skriptum zur Vorlesung Regelungstechnik 1, Hochschule für angewandte Wissenschaften München, Stand 23. Juni 2011

Müller, K.: Regelungstechnik und Simulation, Hochschule Bremerhaven, September 2009

Nehring, T.: Seminar Regelungstechnik, phiMatic GmbH

Orlowski, P. F.: Praktische Regeltechnik, Anwendungsorientierte Einführung für Maschinenbauer und Elektrotechniker, 6. Auflage, Springer-Verlag

Ottens, M.: Einführung in die Regelungstechnik, Skript zur Vorlesung, Technische Fachhochschule Berlin, Sommersemester 2008

Ottens, M.: Praktische Verfahren zur experimentellen Systemidentifikation, Technische Fachhochschule Berlin, Sommersemester 2008

Paerschke, H.: Regelungstechnik, Fachhochschule München, Fachbereich 05/Versorgungstechnik, 20.03.2002

SAMSON AG, Weismüllerstraße 3, 60314 Frankfurt: Technische Information, Begriffe und Symbole der Regelungstechnik, 2000/07

SAMSON AG, Weismüllerstraße 3, 60314 Frankfurt: Einführung in die ROH-Technik

SAMSON AG, Weismüllerstraße 3, 60314 Frankfurt: Regler und Regelstrecken

Schleicher, M.: Regelungstechnik für den Praktiker, JUMO GmbH & Co. KG, Moritz-Juchheim-Straße 1, 36039 Fulda, Feb. 2006

Schleicher, M., Blasinger, F.: Regelungstechnik, Ein Leitfaden für Einsteiger, JUMO GmbH & Co. KG, Fulda, Juni 2003

Schleicher, M., Schneider, W.: Elektronische Leistungssteller, Grundlagen und Tipps für den Praktiker, JUMO GmbH & Co. KG, Fulda, Nov. 2011

Schönberger, W.: Regelungstechnik für Wirtschaftsingenieure, FH Landshut, Okt. 2010

Schumacher, W., Maurer, M.: Grundlagen der Regelungstechnik, Vorlesungsskript, Stand: 06.10.2011, TU Braunschweig

Siemens: Ausbildungsunterlage für die durchgängige Automatisierungslösung, Totally Integrated Automation (T I A), MODUL M6, Regelungstechnik bei der SIMATIC S7-1200 mit TIA-Portal V10

Siemens: Siematic S5, Strecken-Identifikation und Einstellung von PID-Reglern, Handbuch, C79000-G8500-C450-02

Steffenhagen, B.: Formelsammlung Regelungstechnik, September 2007, Fachhochschule Stralsund

Svaricek, F.: Steuer- und Regelungstechnik, Universität der Bundeswehr München, Jan. 2009

Taeschler, S.: Regeltechnik

TECON AG, Werkstrasse 1, CH-9242 Oberuzwil: Praktische Regeltheorie

Tracht, R.: Skript zur Vorlesung Regelungstechnik, Universität Essen, Lehrstuhl für Automatisierungstechnik, 16. Dezember 2002

Universität Bremen: Einstellregeln

Universität Bremen: Experimentelle Erfassung der Streckenparameter

Universität Paderborn: Fachgebiet Regelungstechnik, Praktikum Automatisierungstechnik, Versuch: Bestimmung des Übertragungsverhaltens (RT1)

Waldmüller, F.: Formelsammlung Regelungstechnik, 12.06.2007

Wernstedt, J., Winkler, W.: Praktikum Experimentelle Prozessanalyse, Inbetriebnahme eines Regelkreises, April 2003

Zacher, S.: Digitale Steuerungs- und Regelungstechnik, Skript zur Lehrveranstaltung, Fachhochschule Wiesbaden, Sommersemester 2004

9 Stichwortverzeichnis

M

N

O

P

Q

R

S